园林家具

创新设计方法与实践

陈祖建 著

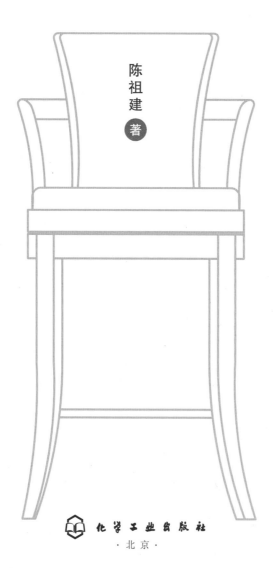

化学工业出版社

·北京·

本书在对国内几个主要城市园林家具调查分析的基础上，借鉴国外优秀设计案例，对现代园林家具设计进行了系统的分析。定义了园林家具概念，分析了现代园林家具类别以及材料使用现状，探讨了现代园林家具的文化属性；提出基于情感基因的园林家具设计理论。书中以台湾省、深圳市、厦门市为例，客观地分析了这些城市园林家具情感化设计。在实地调研的基础上，对厦门市海湾公园的部分公园家具进行了创新设计尝试，并对设计思路、设计方法、设计内容等进行了详细阐述；探索了具有较强可操作性的园林家具创新设计方法并付诸于实践。

本书适合园林景观设计、家具设计与生产相关领域的专业人士阅读使用。

图书在版编目（CIP）数据

园林家具创新设计方法与实践/陈祖建著. —北京：化学工业
出版社，2017.6
ISBN 978-7-122-29608-5

Ⅰ.①园…　Ⅱ.①陈…　Ⅲ.①家具-设计　Ⅳ.①TS664.01

中国版本图书馆CIP数据核字（2017）第117766号

责任编辑：王　斌　邹　宁　　　美术编辑：王晓宇
责任校对：吴　静　　　　　　　　装帧设计：北京揽胜视觉文化艺术传播有限公司

出版发行：化学工业出版社（北京市东城区青年湖南街13号　邮政编码100011）
印　　装：北京方嘉彩色印刷有限公司
710mm×1000mm　1/16　印张11¼　字数250千字　2017年8月北京第1版第1次印刷

购书咨询：010-64518888（传真：010-64519686）　售后服务：010-64518899
网　　址：http://www.cip.com.cn
凡购买本书，如有缺损质量问题，本社销售中心负责调换。

定　　价：68.00元

前　言

园林是一种可以看到的物质形态，也是历史文化传承的载体。它们既具有有形的物质构筑要素，诸如山、水、建筑、植物等，作为艺术，又是传统文化的历史结晶，其核心是社会意识形态，是各民族的精神产品。民族风格、气质、形式，凝聚着千百年来各民族的审美实践，是千百年来各个民族按照美的尺度造型的过程中，积淀在心里深层的物质构成。民族的审美心理作为人的一种根植于内心的力量，外化于文化艺术，体现为民族特征。园林家具既是各类园林建筑发挥功能的媒介，又起着装饰美化空间、营造意境的作用，并体现出各民族独特的历史文化特征，表达出不同的社会历史时代特征，反映了造园者的思想观念和艺术情趣。

城市是以一定的生产方式和生活方式把一定地域组织起来的居民点，是该地域或更大腹地的经济、政治和文化生活的中心。城市化是指农村人口转变为城市人口的过程。我国城市发展迅速，城市化率从1995年的29.00%提高到2004年的41.76%。国家统计局2010年第六次全国人口普查主要数据显示：大陆31个省、自治区、直辖市和现役军人的人口中，居住在城镇的人口为665575306人，占49.68%；居住在乡村的人口为674149546人，占50.32%。同2000年第五次全国人口普查相比，城镇人口增加207137093人，乡村人口减少133237289人，城镇人口比重上升14.46%；预计到2020年，中国将有一半人口在城市居住。城市化同生产力发展和工业化同步进行，随着世界经济和建设的发展，城市化进程越来越快。为了满足城市人口对自然户外空间的需求，城市公园成为了发展热点，不断发展和完善公园设施也迫在眉睫。

人类的造园史已有上千年，但是现代化的城市公园也仅仅出现在一百多年前。在资本主义社会初期的欧洲，一些过去属于皇家贵族的园林逐渐向公众开放，这就形成了最初的公园，如英国伦敦的海德公园。经过设计专门供大众游览观赏的近代公园出现在19世纪中叶的欧洲和美国，如19世纪50年代美国纽约建立的中央公园。我国最早的近代公园是外国侵略者在上海、天津等城市的租界建立的专供他们享用的公园。1868年在上海黄浦江边建立的"公花园"，是外国人在中国建立的第一个公园，即现在的黄浦公园。随着社会经济的发展和城市化的不断推进，人类对城市中自然空间的追求越发强烈，在世界各地都掀起了公园建设的狂潮。人在公园中不可能只行不停、只站不坐，现代园林家具设计在城市公园规划及其建设中就显出非常重要了。

随着社会生产力的不断提高，人类的生活水平和生活品质也在不断地提高，随之，人们的生活价值观念和消费观念也发生了巨大的变化。在高楼大厦林立的城市里，人们越来越向往充满自然气息的户外空间。对于生活节奏非常快的年轻人，通常会选择去公园来释放自己，使自己紧张的身心得到放松，更好地投入明天的工作；活动不便的老年人也会选择去公园进行活动锻炼，热闹的氛围会驱赶老人的孤独感；大多数的家长也会选择在节假日带孩子去公园接触大自然。公园的建设和发展与居民生活息息相关。人们不仅仅满足于园林家具提供休息的基本功能，对园林家具其他方面也有了更新、更高的要求。这些环境设施不仅反映了使用者的个性、生活观，也可以引导人们的行为，提高空间环境的质量，例如园林家具的舒适性，园林家具造型的艺术性等等。所以，园林家具在园林建设以及城市绿地建设中发挥的作用越来越重要。

当今世界科技创新在推动经济社会发展中的作用日益显著，调整经济结构，推动发展方式转变，保障社会民生均离不开科技创新的有力支撑。中国科技已在经济社会发展中发挥了重要的支撑引领作用。科技的飞速发展为完善公园家具的功能和提升公园家具的品质提供了强有力的支撑。特别是材料科学的发展，对公园家具的发展有巨大的推动作用。公园家具主要材料还是常见的传统材料，如木材、石材、金属等，在应用中都存在着一定的缺陷，运用新科技研制的材料不仅具备传统材料的优点特性，也弥补了其中的不足。现在已经开始广泛应用于室内家具和室内装潢的竹木是一种新型材料，具有良好的防腐性，可以应用到园林家具设计中；还在推广阶段的新型材料——木塑材料，具有防腐、防虫、防水、防火、耐磨、抗老化等强大的性能，也是一种很好的园林家具材料。新材料的应用促进了园林家具形式的多样化发展。

园林家具是城市生活中的人们必不可少的休闲设施和观赏设施，起源于生活，也服务于生活。它是环境空间中的一个元素，也是历史文化的一个载体，不仅反映出城市的地域风貌，而且是一个民族文化特性的体现和城市品牌形象的重要窗口。然而，目前国内对园林家具还缺乏系统性的研究。本书在对国内几个主要城市园林家具调查分析的基础上，查阅和分析了相关的资料，并对现代园林家具设计进行了系统的研究。本书的主要内容包括：

①本书定义了园林家具概念、园林家具分类，用现代园林家具案例分析园林家具材料特点。

②从中国的汉魏晋时期、隋唐时期、宋元时期和明清时期来了解古代中国园林家具的发展历程及其文化内涵；而后就现代园林家具的自然性、地域性、民族性和时代性的文化特质进行了分析。

③论述了园林家具情感化设计理论依据、审美情感、要素、原则等，提出了基于情感基因的园林家具设计理论，并以台湾省、深圳市、厦门市为例，客观地分析这些城市园林家具情感化设计。

④在对公园家具应用进行的实践调研以及在调研结果研究分析的基础上进行园林家具产品的创新设计。对公园家具的调研的内容主要包含公园概况、公园游人构成、公园家具使用情况等，并选择90位公园家具使用者进行心理问卷调研，最后对调研的结果进行客观分析。在此基础之上，对厦门市海湾公园的部分公园家具进行了创新设计尝试，并对设计思路、设计方法、设计内容等进行详细阐述。

⑤就庭院家具和街道家具的设计经典案例进行分析。

本书试图为读者提供体系完整的园林家具设计理论、方法与实践，然而，由于研究时间和阅读文献有限，书中的一些内容没有办法更进一步地研究，希望后续学者进一步研究，希望未来的设计师多运用其他方面的学科知识多方位、多领域去探讨和研究，而对于园林家具情感化的设计方法、原则、要素以及审美情感需要进一步的理论结合和实践验证，而后不断更新改进，做到精益求精。

目录
contents

81 | 第 4 章
　　园林家具情感化设计

第 6 章
其他园林家具设计

第 1 章

园林家具概述

1.1 园林家具及相关概念

1.1.1 家具

在《中国大百科全书·轻工卷》中给家具所下的定义是："家具：人类日常生活和社会活动中使用的、具有坐卧、凭倚、贮藏、间隔等功能的器具，一般由若干个零件、部件按一定的接合方式装配而成"。对家具概念的理解有两方面，一方面是指家用器具。如《晋书·王述传》："初，述家贫，求试宛陵令，颇受赠遗，而修家具，为州司所检，有一千三百条。"北魏贾思勰所著《齐民要术·槐柳楸梓梧柞》："凡为家具者，前件木皆所宜种。"宋代梅尧臣《江邻几迁居》："闻君迁新居，应比旧居好。復此假布囊，家具何草草。"其中所提到的都是家庭生活所需要的器具。家具另一方面是指生产工具。如康濯的《买牛记》："偏偏他们组里姓李的老汉，有个倔巴脾气，一见他们要闹，就家具一撂，不干了！"柳青的《一九五五年秋天在皇甫村》："太阳接近了西边的地平线，男人们和女人们收拾完家具，向中间的大场聚拢起来。"上面所提到的家具都是指人们干活的工具。随着时代的发展，家具所包含的内容更加丰富，不仅包括传统的床、柜、桌、椅（图1-1）等，也包括现代的茶几、沙发（图1-2）、电脑桌等。

图1-1 红木家具

图1-2 沙发

1.1.2 户外家具

户外家具，也有人称城市家具或城市户外家具。这三个概念所包含的内容基本相同，只是在不同的研究领域中有不同的习惯叫法。户外家具主要指用于室外或半室外的供公共性活动之用的家具。它是决定建筑物室外（包括半室外的空间，又称"灰空间"）空间功能的物质基础和表现室外空间形式的重要元素。还有一种对是对城市家具的定义：城市家具一般指为方便人们进行健康、舒适、高效的户外生活而在城市公共空间内设置的一系列相对于室内家具而言的设施。户外家具区别于一般家具的特点在于其作为城市景观环境的组成元素——城市的"道具"，而更具有普遍意义上的"公共性"和"交流性"的特征。户外家具按照功能可以分为以下四类：①具有坐卧功能，如桌子、椅子、凳子等；②具有收纳功能，如垃圾桶、邮筒；③具有照明功能，如路灯、园灯；④具有休闲功能，如健身器材。

1.1.3 园林小品、景观小品

园林小品和景观小品都泛指能为人类活动提供游览、休闲、观赏等功能的设施。但是，"园林小品"和"景观小品"这两个概念从属的学科不同，侧重点也不相同。与两者相似的概念还有"环境设施"。有人将园林小品和园林建筑合并在一起进行研究，合称"园林建筑与小品"，是指在园林中具有造景功能，同时又能供人游览、观赏、休息的各类建筑物，也包含园林绿化管理部门为了管理、服务、经营的各类建筑物和构筑物，包括亭（图1-3）、廊、阁、舫（图1-4）等大体量的建筑，也包括垃圾桶（图1-5）、座椅（如图1-6）、指示牌等小体量的服

图1-3　沧浪亭　　　　　　　　　　　　图1-4　颐和园内的清晏舫

图1-5 垃圾桶（拍摄：肖飞）

图1-6 座椅（拍摄：肖飞）

务设施。公园中的座椅、坐凳属于园林建筑与小品分类中的管理服务类。而大部分人将园林小品与园林建筑区分开来，园林小品是指在园林中供游人休息、观赏、方便活动、供游人使用或为了园林管理而设置的小型园林设施，一般不能形成供人活动的内部空间。公园中的座椅、坐凳属于园林小品分类中供休息用的园林小品一类。

不管是景观小品还是园林小品都具有相同的功能：

①美化环境：景观设施与小品的艺术特性与审美效果，加强了景观环境的艺术氛围，创造了美的环境。

②标示区域特点：优秀的景观设施与小品具有特定区域的特征，是该地人文历史、民风民情以及发展轨迹的反映。这些景观中的设施与小品可以提高区域的识别性。

③实用功能：景观小品尤其是景观设施，主要目的就是给游人提供在景观活动中所需要的生理、心理等各方面的服务，如休息、照明、观赏、导向、交通、健身等的需求。

④提高整体环境品质：通过这些艺术品和设施的设计来表现景观主题，可以引起人们对环境和生态以及各种社会问题的关注，产生一定的社会文化意义，改良景观的生态环境，提高环境艺术品位和思想境界，提升整体环境品质。

景观小品也被称为环境小品或者环境艺术小品，一般泛指建筑室内外环境中一切具有一定美感、为环境所需而设置的人为构筑物。国外一般称为"sight furniture，urban furniture，urban clement，street furniture"。室外的景观小品主要包括园凳、园灯（图1-7）、指示牌等公共设施及门窗洞、栏杆、花格、花钵（图1-8）

等。我国的景观小品发展有着悠久的历史，从最早的三皇五帝时代的龙、龟、鸟、鹿等动物的图腾柱（图1-9），到明清皇家园林的华表（图1-10）、石刻、灯柱、观赏石，再到现代园林中的座椅、指示牌、垃圾桶、园灯等。

图1-7　园灯

图1-8　花钵

图1-9　图腾柱

图1-10　华表

1.1.4　园林家具

园林，在中国古籍里根据不同的性质也称作园、囿、苑、园亭、庭园、园池、山池、池馆、别业、山庄等，美英各国则称之为Garden、Park、Landscape Garden，是指在一定的地域运用工程技术和艺术手段，通过改造地形（或进一步筑山、叠石、理水）、种植树木花草、营造建筑和布置园路等途径创作而成的美的自然环境和游憩境域。园林，在《现代汉语词典》中解释：种植花草树木供人游赏休息的风景区。园林包括庭园、宅园、小游园、花园、公园、植物园、动物园等，随着园林学科的发展，还包括森林公园、广场、街道、风景名胜区、自然保护区或国家公园的游览区以及休养胜地。

园林家具的产生是基于生活的使用需要，使处于室外园林的环境中的游人能有家一样的方便舒适。园林建设与人们的审美观念、社会的科学技术水平相适应，它更多地凝聚了当时当地人们对正在或未来生存空间的一种向往。园林家具是伴随着园林功能增加而产生的，是指在园林中为人们提供观赏、休息等行为和开展社会活动必不可少的一类器具，满足人们游玩休息需要的各种娱乐服务设施，如坐具、桌子、花架、园林建筑小品等。因此，园林家具的研究范畴包括了公园家具、街道家具和庭院家具。园林家具的发展和演变与时代背景、地域条件、生活观念和美学思潮等综合因素相关，体现了不同的文化内涵和价值取向。园林家具是园林景观设计中不可缺少的元素，它和园林景观的其他要素共同构成了园林特质，通过园林家具使园林景观和园林建筑组成丰富的环境空间。

本课题的研究更偏向侠义的园林家具，即在园林中供人们坐、倚、靠以及储存物品的器具。

1.1.5 园林家具的功能

"天地万物，唯人为贵"。园林家具的功能体现的是它的使用价值，它的功能决定了其存在的根本属性。园林家具直接服务于人们和他们所处的环境，它一般适于安置在旅游景点、公园、小区花园、别墅庭院、游泳池、广场等户外场所，供人们休憩，具备如凭栏、眺望、躺、坐、睡等这些基本的功能。园林家具作为一门特殊的家具制造产业，与室内陈设的家具相比，最大的不同是它必须陈设于露天之下，接受风吹日晒等气候的变化，因此，它的制造材料必须经久耐用，不能轻易被侵蚀。实用、经济与美观，这是户外家具最起码、最基本的功能，也是设计师进行任何户外家具设计必须遵循的原则。然而，它的情感化设计又具有什么样的特殊功能呢？具体包括以下四个方面。

（1）提高室外空间利用率

有效空间的大小不是固定不变的，只要使用适当的方法进行合理规划，每一寸空间都有被挖掘的潜力。户外家具正是因为在合适的场地放置不同的物体，迎合了人们的心理或生活习惯。如在公园私密场所，摆放一些座椅供情侣或需要安静的人之用；在广阔休闲草坪绿地周围设置亭廊花架或其他休闲设施，不仅满足了人们的休息需要，而且设施设计具有安全感，有边缘效应。此外，老人们还可以远距离地照看儿童等。

（2）增强人们的情感交流

幸福是生活里的人对他们本身剩余所产生效用的一种心理反应，幸福值是指居住在生活之中的人对幸福的感受。幸福指数是指人们心理体验的具体程度，而幸福感是一种心理体验，它既是对生活的客观条件和所处状态的一种事实判断，又是对于生活的主观意义和满足程度的一种价值判断，流露在人们的内心深处。

人生活在社会之中，没有交流彼此间的隔膜会越来越重，变得越来越陌生。户外家具以关爱人们的生活为目的，以人们的切身需要为导向。它陈放在小区、公园与度假区等处，提供人们作息的平台。比如在小区内，两个甚至多个人无意识地凑合在一起谈起往事或生活琐事，因此增进了亲切感，也加强了交流，邻里之间有了和睦，进而提高了人们的幸福值。

（3）营造环境的生态发展

现代人的价值观念、生活观念、思想观念和以往的人有所不同。由于人们生活水准的改善与提高，他们在繁忙的工作之余，更渴望宁静、健康与舒适的生活环境，追求一种返璞归真的自然生活。因为大自然能够消除烦恼，能够带来安谧，能够体验温暖，能够舒缓疲惫，故一些生态型的户外家具应运而生。他们利用天然的材料如藤、防腐木、生态木来设计产品，供人们休闲娱乐。这些天然材料的大量使用，使得周围环境得到了大大的优化，不仅省时省人工，降低了生产成本，而且耗材极少，避免了材料的浪费。

（4）创造生活的和谐共处

户外家具的设计成果由人们共享，体现着以人为本的和谐理念。它使人们平等友爱、融洽相处，有着良好的社会秩序，使得社会和谐发展。此外，事物的发展符合客观规律，向往人与自然的和谐共处，这是更高层次的要求。户外家具是宇宙中的一体，它能"安人"，使得人与人、人与自然之间变得和谐。

1.2 园林家具的分类

园林家具按照不同的划分标准可以有不同的分类方法。

1.2.1 按场所

园林家具按设置的场所，可分为公园家具、街道家具、庭院家具。

（1）公园家具

公园，古代是指官家的园林，《魏书·任城王传》："（元澄）又明黜陟赏罚之法，表减公园之地以给无业贫口。"而现代一般是指政府修建并经营的作为自然观赏区和供公众休息游玩的公共区域。《公园设计规范》中定义："公园是供公众游览、观赏、休憩、开展科学文化及锻炼身体等活动，有较完善的设施和良好的绿化环境的公共绿地。"公园具有改善城市生态、防火、避难等作用。公园一般可分为城市公园、森林公园、主题公园、专类园等。

公园家具是指在公园中为游人提供观赏、休息、使用的服务设施，如公园内指示性的游览地图、指示牌、警告牌、提示牌等，还有服务性的园桌、园椅、饮水池、洗手池、垃圾桶、园灯等等（图1-11~图1-16）。公园家具的设计要点：

图1-11　树叶型的公园坐凳

图1-12　与花坛结合的坐凳

图1-13　强烈肌理质感木质公园凳

图1-14　公园圆形排凳

图 1-15　有家具功能的景观（不锈钢）　　　图 1-16　有家具功能的雕塑（青铜）

①公园家具的设计应考虑到多种人的使用需要，符合人体工学；

②公园家具的布置应与周围环境相结合，达到和谐统一的关系；

③设计应着重其使用功能，兼顾景观功能，不能主次颠倒；

④设计时所采用的材料多为石材、木材、金属等。施工工艺能达到防水、防锈、防曝晒等要求。

（2）街道家具

街道家具指设置于街道旁或广场，满足人们各种使用需求的设施。主要包括坐凳、垃圾桶、电话亭等服务设施（图 1-17～图 1-23）。街道家具设计要点：

①街道家具的尺寸，应符合人体工程学原理；

②根据使用对象的不同，街道家具的设计尺寸也应不同。例如，儿童座椅应适合儿童的身高；

③结合城市特色和周围环境来确定街道家具的风格和造型，力求新颖独特；

④街道家具的设计也应考虑残疾人的使用要求；

⑤街道家具采用的材料有木材、石材、金属等。

图 1-17　电话亭　　　　　　　　　　图 1-18　垃圾桶

图1-19　铁艺街道座椅

图1-20　与棚架结合的坐凳

图1-21　广场坐凳

图1-22　坐凳与树池结合

图1-23　街道景观家具

（3）庭院家具

庭院家具指在庭院中设置的为人们提供休憩功能的设施，多指座椅和桌子（图1-24~图1-29）。庭院家具设计要点：

①庭院家具的尺寸。与公园家具和街道家具相比，庭院家具的尺寸可以进行适当的调整，使其更加舒适。

②要考虑庭院可用的空间、视点、展示的内容、一天内阳光和树荫的位置、自然气候等。

③由于庭院家具更多的是私人使用，可以为庭院家具搭配相应的配件，使其

更加的舒适，例如：坐垫、抱枕、靠背等。

　　④庭院家具使用的材料有木材、石材、金属、藤类、竹材等。

图1-24　藤制庭院秋千椅

图1-25　庭院秋千椅

图1-26　庭院铁艺家具

图1-27　庭院家具

图1-28　庭院木质椅

图1-29　庭院铁艺家具

1.2.2 按结构类型

园林家具作为园林中必不可少的元素，体现着人们一种休闲放松的生活，它能为空间增添鲜活气息。园林家具按结构类型可以分为：永久固定型、可移动型与可携带型。

（1）永久固定型

这类家具长期放置在园林景观中，接受风吹雨淋，且不能移动，有嵌入式、独立式和直挂式三种设置，如花架、垃圾桶、饮水设施、木亭、户外悬挂灯等。选用的材料要具有良好的防腐性、抗风性，易清洁，抗压耐热等。

永久固定型园林家具在园林运用中可以放置室外任何休闲场所，但在运用的时候要考虑自然以及人为的各种因素，如风的方向、人的行为习惯（图1-30）等。因为此类家具比较呆板，固定后不能移动（图1-31）。

图1-30　深圳园博园坐凳　　　　　　　图1-31　深圳街头树池坐凳

（2）可移动型

这类园林家具方便简捷，随时可以折叠拆卸等，如西藤台椅、太阳伞、可移动桌椅等。

这类园林家具受人的行为影响很大，根据人的需求使用。在牢固程度和防腐措施上，考虑的相对少很多。可移动型园林家具在园林运用中通常放置在公园内、茶楼外、别墅外（图1-32）、小区庭院外等地，也可以作为装饰点缀之用。

（3）可携带型

这类园林家具与可移动型有点类似，但不同的是它重量轻，方便携带，可以放在车上或随手拎着等，如人们空闲的时候去野炊与露营、游泳与垂钓（图1-33）

等携带的坐凳。此类家具拾掇省事，可以为户外出行的人们增添不少乐趣。可携带型园林家具在园林运用中适合旅游观光、户外运动的人们。

图1-32 充满温馨感的移动坐凳

图1-33 可携带型坐凳便捷

1.2.3 按材料类型

园林家具大体可以分为木材类、石材类（如图1-34）、金属类、混凝土贴砖类、多种材料结合类。木材类、石材类、金属类指园林家具的绝大部分都是天然木材、天然石材、金属单一材质制成。混凝土贴砖类基本主体都是砖砌成，然后为了美观、整洁，在表面贴上瓷砖。树池、花坛多是这种类型。目前，园林中所应用的家具大部分都是两种或者多种材料结合制作成的（图1-35和图1-36）。例如，金属作为骨架，木材作为表面；石材或混凝土作为基础，木材作为表面；金属作为骨架，钢化玻璃进行包裹（如图1-37）等。

图1-34 石材公园家具
（拍摄：肖飞）

图1-35 石基础、钢架、木椅面
（拍摄：肖飞）

1.2.4 按风格类型

按风格类型分：有中式风格、东南亚式风格、西式风格、后现代风格等，其中西式风格又包括英式、法式、欧式等。

　　①中式风格园林家具特点是气势恢弘、壮丽华贵（图1-38）。

　　②东南亚风格园林家具特点是用材深木色，体现一种神境（图1-39）。

　　③西式风格分法式、英式、欧式等。其中欧式又有北欧、简欧和传统欧式。总体而言，西式风格园林家具特点是豪华富贵、充满强烈的动感效果（图1-40）。

　　④后现代风格园林家具特点是造型简约，为极简主义的典范（图1-41）。

　　需要指出的是，风格类型的园林家具主要根据小区、私家别墅、公园茶楼等地的类别来进行布置，目的是与建筑的整体风格保持一致（图1-42）。

图1-36　混凝土基础、石材表面、金属靠背
（拍摄：肖飞）

图1-37　金属骨架、玻璃表面
（拍摄：肖飞）

图1-38　中式风格坐凳厚重感十足

图1-39　东南亚式风格坐凳

图1-40　西式风格坐凳

图 1-41　福州温泉公园后现代风格户外座椅造型　　图 1-42　庭院座椅与英式建筑风格完美融合, 简约干练

1.2.5　按景观功能类型

从景观功能上分类, 可分为:

①单一功能园林家具。这类家具只具有供人休息这一基本功能;

②景观园林家具。景观园林家具除了提供基本休息功能外, 还是重要的景观元素, 具有优美或者个性的造型, 能给人留下深刻的印象。

③兼具其他实用功能类。同样, 这类园林家具除了提供坐、倚的功能之外, 它们还有其他的实用功能, 甚至是主要功能, 如供人坐的栏杆、广场的台阶、花池、花坛、树池等。有的是围绕着广场而建, 有作看台用的(图1-43), 广场有下沉式或上升式; 有的直接用树池的边缘来做, 作休闲设施用的(图1-44); 有的只用作坐凳, 而有的结合花架、亭廊(图1-45), 作为休闲使用, 可以遮蔽风雨, 防止日晒; 此外, 也有观赏和休闲双重功能的(图1-46)。

图 1-43　福州云顶看台　　　　　　　图 1-44　厦门南湖公园休闲树池

图1-45　与亭结合的坐凳可以遮挡风雨

图1-46　树造型的坐凳生态自然，
艺术气息浓郁

1.3　园林家具研究现状

目前，国内学术界对于室内家具研究得比较深入和全面，包括传统家具的研究，室内家具分类研究，家具审美特性的研究，现代家具创新性研究等等。对于园林家具，大多作为户外家具、景观家具、城市环境设施、园林小品等主题其中一小部分进行研究，针对的主要是现代公园家具范畴。对于园林家具的系统研究还少见报道。

公园家具的研究主要体现在公园使用人群及服务设施方面。山东农业大学的张运吉在他的博士毕业论文《老年人公园利用的研究——以济南和泰安为例》中对老年人在公园中的行为进行现场调研统计以及问卷调查，总结得出老年人对公园以及公园内设施的心理需求以及生理需求；同样来自山东农业大学的高玉军在他的硕士毕业论文《现代城市区域公园细部人性化设计研究》中则对现代区域公园细部的人性化设计提出了合理化的建议，其中大部分的研究对象就是公园内的服务性设施；长安大学的高淼在他的硕士毕业论文《城市体育公园公共服务设施设计研究——以咸阳上林运动公园公共服务设施设计为例》中对体育公园服务设施的设计和应用进行了理论分析；江西农业大学的卢鑫在硕士毕业论文《环境心理学在公园设计中的应用——以南昌市人民公园为例》中对公园中各种景观要素进行了定性研究和定向分析，对心理学在公园中的应用提出了自己合理性的建议；曾瑶，齐童通过对北京郊野公园中游憩者的游憩行为以及对游憩设施的需求的实地调查，分析研究游憩者的游憩特征、游憩偏好、林下游憩偏好以及路径座椅偏好等方面，对北京郊野公园游憩设施的建设提出了建议；南京林业大学华予在硕士毕业论文《现代公园景观小品设计研究》中分析了在现代公园中景观小品的特点以及设计要求，总结了景观小品目前在设计上所面临的困难和存在的问题，从空间构建以及材料应用等方面提出了自己的理论；华中科技大学的许春霞在硕士毕业论文《城市综合公园人性化设计研究》的第六章对公园设施的人性化设计提出了建议，特别考虑了中国社会的老龄化问题；

户外家具设计方面，李安彦，彭重华从景观家具在城市户外环境中的作用及种类来研究景观家具的应用；刘雅笛，刘建系统阐述了城市户外家具的设计原则；杨宇斌以生活形态为切入点对户外家具的设计进行研究；陆沙骏，杨足等人以人性化设计为重点探究城市户外家具的人性化设计研究；李超提出户外公共座椅需要从社会学、心理学等多方面结合进行设计研究；张冉从座椅的功能布局、座椅位置的摆放以及座椅维护等方面对户外座椅进行研究；中南林业科技大学的肖丽在她的硕士毕业论文《公共户外家具环境协调性的设计研究》中对户外家具的概念进行了概括，并且从户外家具的材料、颜色、工艺等方面进行了研究分析；中南林业大学的罗璇从互动理念设计入手，对城市公共家具的设计进行分析研究；魏长增从环境与空间的结合来研究户外家具材料和造型的发展；张淑英以锦州市政府休闲广场为例剖析户外座椅的人性化设计；过韦敏，周方旻提出户外家具设计只有建立环境的、整体的和文化的、社会的理念来进行创作设计，才能与环境相呼应，并且自成一体，富有个性和魅力；罗显怡，丁佩华提倡在城市家具设计中融入本地区域文化，实现地域文化的可持续发展；肖丽，李敏秀对我国户外家具的发展动力进行了深入探究；张秋梅，袁傲冰，李薇总结了当前老年人社会的前提下，城市街道家具设计及应用所应考虑的内容；郝辰对国外著名的城市家具从抽象艺术性方面进行了点评。

在探讨工艺技术方面，南京林业大学的杜文娟在她的硕士毕业论文《户外木质家具涂膜老化性能研究》中对永久固定在户外使用的木质家具进行了表面涂膜的老化性能研究；南京林业大学的杨巍巍在硕士毕业论文《木塑复合材料家具在户外家具中的应用》中综合运用各种方法，对木塑复合材料在户外休闲家具的应用进行了系统研究；南京林业大学的赵鹤对应用于户外家具中的重组竹材防腐工艺进行了研究。

在审美情感及评价方法方面，邓莉文，陈杰从公共家具审美的影响要素出发，探讨了公共家具的审美价值、意义、要素以及功能；唐立宝从城市家具的感性需求入手，解释了感性一词的缘由，探讨了感性需求的分析与表达包括审美因素、情感因素与文化因素；刘建在城市户外家具设计研究硕士论文中探讨了户外家具的指导思想和设计路线，并提出了它的评价方法；郑伟从木质户外家具的尺度设计的参数入手，提出了人体工程学的基本理论问题；过伟敏，周方旻从户外家具的设计方法入手，提出了户外家具的三种特性：整体环境，景观环境中的"节点"，地域特征意象；缪晓宾，许佳从情感化角度入手，提出城市家具的本能情感设计、行为情感设计与反思情感设计；陈胜利提出了儿童家具与情感化设计的必要性。

目前，国内对于园林家具的系统研究未见文献，期刊论文仅限于三个方面：

①对于现代园林家具设计理论的初步探讨，如斯震、俞友明的《现代园林家具设计研究》，通过对现代园林家具的含义和设计方法的探讨，提出园林家具设计时应当考虑的集中因素；

②对特定的江南园林中的家具进行研究，如濮安国的《姑苏园林家具初析》，通过分析苏州园林家具的由来和发展，以及苏州园林家具的功能与结构，探讨了姑苏园林家具对明代家具的影响；

③从工艺技术方面对于园林家具进行探讨，如北华大学林学院的杨庚、王举伟在《仿古旧技术在园林家具上的应用研究》一文中提出利用东北产胡桃木材经苯酚和硫酸处理后使之具有古旧外观质感的实验方法，为园林设计和施工提供了仿古旧家具制作技术和理论依据。

园林家具在国外提的不多。在欧美一些发达国家，古代时期就十分重视户外家具。当今，在那些城市街道、公园、广场等地都有很多户外家具。早在十九世纪前期的英国，它的一些户外家具，都是以重量的多少来分析和评价的，如商业街旁的邮箱、铁椅与垃圾桶等。

国外相关的理论研究主要是针对公园家具。丹麦艺术家Jeppe Hein借鉴普通公园中常见的长椅造型，在不同程度上进行改造，创造出不同的有趣的造型（如图1-47，图1-48），不仅能够提供休息的功能，并且活跃了气氛，突出了公园长椅公共性和交流性的特点。德国《MD》杂志的主编尤特·茨姆尔教授与他的学生研究发现，除使用者能直接从城市公共家具中受益外，城市公共家具还具有规范人的行为，诱发人的自觉性，引导人的审美意识等作用。巴黎是艺术之都，把户外家具归为城市公共设施，每个城市公共设施都是通过精雕细琢的，体现一种"自我、精神主题、向往永恒"的活力。美国的 Albert J.Rutledge 在《大众行为与公园设计》一书中，作者把人的行为习惯作为环境设计的最重要的依据，由此提出了一些在当时较为新鲜的理论和评价标准、观察与调查的方法、新的设计程序。作者在书中指出设计者和行为学者之间、设计者和使用者之间存在着各方面的冲突，称前两者为"同床异梦的伙伴"，称后两者为"更难和谐的一对"。

图 1-47　造型怪异的长椅

图 1-48　造型怪异的长椅

通过对人的行为和座椅的设置详细地分析对比，帮助公园设计者更加敏感地掌握人的行为特征，进而使设计出的方案更加人性化，得到使用者的认同。日本称户外家具为"街道家具"，也叫"城市的道具"等。他们的设计坚持运用现代设计手法立足于地域土壤之中。日本的景观风格一直在世界独树一帜，在城市公共家具设计上注重环境设施的整体设计、艺术性、人性化。1985年，芦原义信发表了《外部空间设计》，画报社编辑部出版《日本景观设计系列4——街道家具》；日本的著名设计师柳宗理认为，好的设计一定要符合日本的美学和伦理学，表现出日本的特色。设计的本质是创造，模仿不是真正的设计。

园林家具行业同质化越来越明显，产品的差异化程度和差异化的时间越来越有限。不同的家具工厂生产的家具却同风格，同款式，同颜色，有些厂家甚至形象包装犹如双胞胎。以前开发一个新产品，或者有一个新的技术，企业的新产品在市场上能经营好几年，现在一个新产品卖起来，短的几个月，竞争对手立马就跟进来，而紧接着就是一轮又一轮的价格战。像这样的品牌工厂存在着许多家，

"山寨家具"时代也越演越烈。这种同质化的现象导致了另一个问题：国内公园家具的设计创新前进缓慢，甚至停滞不前。一个公司花重金聘请设计师进行新产品的开发研制，成功推出新产品之后，竞争对手只要将这个公司的新产品稍加研究就可以批量制造出和这个公司一模一样的产品。随着科技的进步，

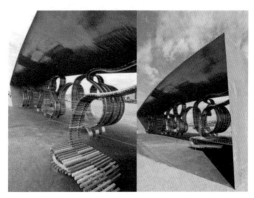

图1-49　成为景观的公园家具

这个时间越来越短，给那些勇于创新的公司造成巨大的损失。久而久之，进行创新研究的公司越来越少。现在的新产品只是对旧产品进行了一定的改造，或者更换了另一种材料而已。游人到大多数的公园游玩都会觉得这个公园的公园家具似曾相识（图1-49）。

户外家具行业近几年越来越受到重视，成为了热门行业，它的发展潜力是十分巨大的。国内很多高校都开设了相关的专业，这方面的人才也越来越专业、越来越多。我国有了一些生态城市、园林城市的评选，各个城市更加重视园林事业。城市公园、街头绿地和社区公园也变得越来越多，而且更加地精致。所以，户外家具在其中的应用也变得日益重要，户外家具行业也有着巨大的发展潜力。

随着园林事业的飞速发展，景观设计师不仅仅把眼光停留在总体的规划设计上，对于景观设计的细节越来越重视。公园家具作为景观设计中的一个重要元素，也日益为一些专家和设计师所关注。目前来说，国内对于公园家具的研究和设计处在一个初级阶段，取得了一些研究成果和成绩，但是也存在着很多的问题。

①从事园林行业和室内与家具设计行业的人员日渐增多。但是，景观设计师对于家具的设计知之甚少，室内家具设计师对于公园家具所应具备的特点了解的也不是很多，导致设计出的一些产品不能很好地应用。所以，这方面人才的培养变得十分紧迫。

②国内公园和景区中应用的家具在材料、色彩、造型等方面大同小异，不具有地方特色，也没有与公园和景区的特点产生呼应。一方面是因为费用较高，包括设计费以及生产等费用；另一方面是因为对公园家具的应用还不是足够重

视。北京奥林匹克公园里面的公园家具都是经过设计师根据奥运会的主题以及中国元素进行设计的，充满了中国特色和人文气息，给人以深刻的印象。再比如西安的大唐芙蓉园，里面所有的公园家具都是古色古香的设计，与公园主题相吻合。

③国内大多数的公园都存在对于公园家具维护和管理不到位的情况。公园的管理者对于植物景观的维护往往很重视，会对树木进行修剪，对花卉进行灌溉施肥，而对一些铁艺公园家具生锈之后不能及时地维护，不仅不能起到供游人休息的作用，相反还破坏整体的景观效果。例如：厦门市忠伦公园一块独立的绿地中坐凳损坏严重，没有得到及时的维修和更换，游人没有足够的坐凳用来休息。目前，国内已经应用了一些使用寿命长、维护简单的材料在公园家具上，比如竹材。竹材不仅在硬度和可塑性上强过传统的木材，另一方也更加的环保。我国有着大面积的竹林，竹子成材要比木材快很多。

我国、西亚与欧洲并称为世界三大造园系统。文化有其相对的独立性，各民族文化有其历史形成的特点，任何民族的文化都与过去社会生活的人类所特有的状态相关联，它源于历史的生活结构体系，为某一社会群体所特有。各个民族、各个国家分别处于不同的历史地理环境，植根于不同的社会政治结构，依赖于不同的经济基础，因而也形成了各民族独特的思维方式、价值观念和行为模式，有的依然在潜意识中影响着现代人的思考方式和情感。中国不仅是东方园林艺术的发源地，而且还是世界上自然山水园的精神发源地，蕴含于其中的中国园林家具，也体现出中华民族独特的精神性。本书主要着眼于中国园林家具的历史发展及其特性，力求从园林家具形成发展的历史文化背景上考察，关注普遍性与特殊性的联结，不仅找寻决定性的物质因素，而且探讨起重要作用的精神因素。

目前对园林家具的研究，多是仅限于对家具品类和功能的简要论述，而没有将其置于广袤的社会大环境中作深入了解，深入探讨其形成与发展的社会政治、经济及思想文化等诸多因素的影响，对于园林家具还没有深入系统的研究。本书旨在通过系统地研究园林家具的发展演变及其特征、影响园林家具形成的因素，加强对于园林家具的理解，为把握现代园林景观建设提供一个很好的背景，希望为开发现代园林家具提供设计理论，为企业设计生产园林家具提供借鉴，以满足国际国内的市场需求。

1.4　园林家具研究意义与研究手段

1.4.1　研究意义

园林建设与人们的审美观念、社会的科学技术水平相始终，它更多地凝聚了当时当地人们对当前或未来生存空间的一种向往。在当代，园林选址已不拘泥于名山大川、深宅大府，而广泛建置于街头、交通枢纽、住宅区、工业区以及大型建筑的屋顶，使用的材料也从传统的建筑用材与植物扩展到了水体、灯光、音响等综合性的技术手段，在设计理念以及建设质量上都有了长足的进步。园林家具是现代景观设计中的一个重要景观要素。对园林家具的设计研究能开辟家具行业一个全新的发展方向，提供新的发展思路。

目前，国内大多数关于园林家具的研究或者设计基本把它作为景观设计或者园林小品的一小部分来进行分析研究，往往不受人们的重视。园林家具与其他园林小品在应用中有着不同的应用需求，作为园林建设中应用最为广泛的服务设施，应该给予更多的关注。现代园林家具设计系统的研究在国内未见报道，它的研究将为园林规划设计、城乡规划设计、景观规划设计等部门或者设计师进行更加人性化的景观设计提供理论依据。该研究成果可以直接用于指导园林家具实践，可同时提高园林景观设计的整体水平。

本书以园林生态学理论以及景观设计学理论为指导，家具理论为基础，结合建筑学、人体工程学、心理学、美学、哲学与艺术学等多学科理论作为研究辅助，以期形成现代园林家具设计体系和设计理论并构建现代园林家具设计评价体系；该理论体系可应用于指导园林家具的设计实践和设计评价。具体意义体现在如下几点：

①将园林家具作为一个独立的系统进行分析研究。以往将坐凳、座椅归类到园林小品或者环境设施里面，但它们同其他类别的小品或设施在使用功能、特点、设计理念等各个方面都有着很大的差别；而将其作为一个独立系统进行研究，总结探讨其共性，便于研究分析。

②提出的园林家具情感化评价体系直观，可以用于园林家具评价实践。

③提出了基于"情感因子"的园林家具设计的理论，为景观设计师、园林设

计师以及家具设计师的设计实践提供了理论依据。

④公园家具设计方法与实例也可以为景观设计师、园林设计师以及家具设计师的设计实践提供直接借鉴。

1.4.2 研究方法、技术路线、研究困难与解决措施

（1）研究方法

本书主要采用以下四种方法对园林家具进行研究。

①内容分析法

通过阅读相关研究文献、研究成果，分析园林家具发展的历程与特点，对园林家具建立理性认识。通过文献内容研究，做出定量分析，得出关于事实的判断和推论，以形成对事实的认识。研究对象确定后，通过内容分析来对园林家具的内涵与研究的价值取向进行分析、识别，以期准确地把握园林家具内涵。

②调查研究法

在调查过程中通过问卷调查、实例拍照等形式广泛收集园林家具的资料，总结园林家具应用的现状。最后对调研结果进行统计分析，得出有效的数据，为园林家具的设计研究提供有力的支撑。

③因果比较研究方法

园林家具在发展过程中，呈现出自身的独特性，有其独特的渊源。运用因果比较研究方法，可以借着比较过去存在的条件，探求已发生过的事实的原因。借由现象间行为模式或个人特质差异的比较，找出行为模式或个人特质的因果关系，以期把握园林家具的发展演变特质。

④多学科综合研究法

将园林美学、环境心理学、游憩学、色彩心理学、材料学、人体工程学等学科的知识综合运用，对园林家具进行分析研究。

（2）技术路线

本书的技术路线基本按照"资料分析——提出问题——解决问题"以及"理论分析——理论研究——实证研究"的基本思路进行。首先，通过对国内多个城市公园中园林家具的实地考察与调研分析以及相关资料分析和理论分析，研究园林家具研究背景、概念以及研究内容，同时提出了着重要研究的几个问题：园林

家具的定义与分类，园林家具的材料特征分析，园林家具的文化特征分析，园林家具的情感化设计，现代公园家具设计，以及其他园林家具设计；最后，以相关的园林家具设计为例，来验证所确立的园林家具设计理论。

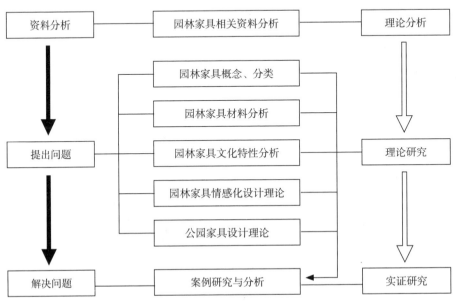

图1-50 技术路线图

技术路线图如图1-50所示。

（3）研究困难与解决措施

人是现代文明最高级的动物，世间万物的一切都被人所利用。从原始社会的石器开始，人类都是在探索中寻找一切可用的资源来服务于他们本身。户外家具作为生活资料，它的成果的使用也是由人来支配，因此它的设计必须迎合人的行为习惯。"以人为本"是园林家具设计的宗旨。人又分为老人、中年人、年轻人、儿童等，他们的心理成熟不一，需求也比较复杂。这是难点问题。

园林家具调查样本城市选择以及调查人员对象的选定是另外一个难点问题。本书作者选择了国内经济发展较好的北京、上海、南京、杭州、福州、厦门等以及中部欠发展的安徽、江西部分地区的典型城市作为城市调查对象，使得调查结果相对客观；调查对象选定一般是在选定的典型公园进行偶遇调查，应用"偶遇法"进行调查对象选定虽然具有偶然性，但结果往往比较客观真实。

园林家具的评价问题是课题研究的又一个难点问题。人的内心是极其复杂的，更会随着环境而改变。心情好时看到花会心花怒放，不好时"花近高楼伤客心"、"感时花溅泪"。人心理方面不确定的因素很多，因此需要分类去考虑。比如，在人类情感方面可以定性地去评价，而园林家具的功能与技术等方面要量化评价，有的要两者去综合评价。

小结

本章定义了园林家具，即园林家具是伴随着园林功能增加而产生的，是指在园林中为人们提供观赏、休息等行为和开展社会活动必不可少的一类器具，满足人们游玩休息需要的各种娱乐服务设施，如坐具、桌子、花架、园林建筑小品等。本书内容更偏向狭义的园林家具，即在园林中供人们坐、倚、靠以及储存物品的器具。

本章还分析了园林家具类型。按家具所处的场所分，园林家具可分为公园家具、街道家具和庭院家具；按结构类型分，园林家具可以分为永久固定型、可移动型与可携带型园林家具；按实用材料类型分，园林家具可以分为木材类、石材类、金属类、混凝土贴砖类、多种材料结合类等；按风格类型分，园林家具可以分为中式风格、东南亚风格、西式风格、后现代风格等，其中西式又包括英式、法式、欧式等；从景观功能上分类，园林家具可分为单一功能园林家具、景观园林家具和兼具其他实用功能类园林家具。

第2章

园林家具常用材料分析

2.1 园林家具常用传统材料

园林家具常用的传统材料有木材、石材、混凝土、金属和塑料等，下面分别加以分析。

2.1.1 木材

（1）概述

木材是园林家具最为常用的一种材料，它具有其他材料不可比拟的可操作性和不可替代的优良性能，例如：质量轻、强度高，韧性、弹性好，抗冲击、抗振动，对电、热绝缘性好，隔声效果好，易加工，可回收等等。木材纹理优美，具有自然气息，给人以柔和温馨的视觉和触觉效果，较为容易融入到户外环境中。由木材所制作的户内外家具显得风格独特，品位高档。

目前，在园林家具市场上比较常见的木材有松木、杉木、柚木和黄菠萝等。木材在应用前，需要进行加工处理，包括干燥处理，防腐、防蛀、防火处理等。木材的干燥是保证木材质量关键的技术。目前，除了炉干法、气干法等传统干燥方式外，还有真空高品干燥技术、太阳能干燥技术、红外线及远红外辐射干燥技术等新型木材干燥技术。木材必须经过严格的防腐、防虫处理才能保证木材在户外复杂、恶劣的环境中使用长久。主要的防腐、防虫剂包括水剂、油剂、浆膏三大类，根据木材的不同作用和不同使用环境选择合适的防腐、防虫剂。木材的燃点低，极易燃烧，所以都会使用铵氟合剂、氨基树脂1384型和氨基树脂OP144型等防火浸渍剂加压浸渍进行处理。

防腐木，是将普通木材经过人工添加化学防腐剂之后，使其具有防腐蚀、防潮、防真菌、防虫蚁、防霉变以及防水等特性。国内常见的防腐木主要有两种材质：俄罗斯樟子松和北欧赤松。俄罗斯樟子松材质防腐木主要是进口原木在防腐木应用国内做的防腐木处理，分为CCA、铜唑、ACQ处理，能够直接接触土壤及潮湿环境，经常被使用在户外地板、工程、景观、防腐木花架等处，供人们歇息和欣赏自然美景，是户外地板、园林家具、木秋千、娱乐设施、木栈道等景观设施的理想材料，深受园艺设计师的青睐。

（2）木制园林家具案例

木制家具在人类的家具文化中占据最重要的地位，与其他材料比较，木材最具有自然属性，在园林家具中，也是比较常用的一种材料。木材的纹理和质感赋予了家具自然、亲切的本性。无论是长期在庭院、阳台或露台中摆放，还是置身于街道旁、道路边、或者是公园等场所；也无论是摆放于石材、木材的地面，还是与花园里的草坪木本植物搭配，木制园林家具都能以不同的面貌很轻松自然地与户外环境融为一体，符合人们渴望摆脱城市水泥丛林的束缚、呼吸大自然的气息、寻求人-自然-设施间协调的心理需求，形成更为亲切友善的氛围。

如图2-1、图2-2所示，木制园林坐凳，适合设置在任何场所，供人们户外休闲；如图2-3所示，木质材料与周围的景观融为一体进行有机的设计，既为人们提供偶尔短暂的休息，同时也是一个不错的景观点；如图2-4、图2-5所示，防腐木的公共座椅，原始质朴，让人回味，充满人情味，色调也与周围环境容易协调，是庭院或者公园家具最佳的选择。

图2-1　木制园林凳子1

图2-2　木制园林凳子2

图2-3　环境景观中的坐具1

图2-4　环境景观中的坐具2　　　　　图2-5　环境景观中的坐具3

2.1.2　石材

石材是人类历史上应用最早的天然材料。石材具有独特的天然结构、质感和美丽的色泽、纹理，并且具有质地坚硬、抗压强度高、耐用、耐磨、抗冲击性强、防火等优良性能，装饰效果好，非常适合于制作户外公共座椅。石材分为天然石材和人造石材两大类。天然石材是指从天然岩体中开采而来的石料，经过锯切、研磨、酸洗、抛光等工艺加工而成的块状或板状材料。人造石材就是指人造大理石、人造花岗岩石和水磨石的总称。由于石材不易腐蚀，且比较坚硬，在景观工业产品的设计中应用较为广泛。石材除了可进行锯切、研磨、抛光等工艺加工外，对石材进行必要的化学处理和涂敷处理可以提高石材的耐腐蚀性。但石材密度大，不易搬动，很少用于非公共性户外家具。

不同的石材给人以不同的感受，一般会让人具有厚重、冷静的感受，在环境中通常可以用来烘托与陪衬其他材质。石材直接取材于自然，它的天然纹理具有自然质朴感，而通过刀具切割，可以加工成各种形状，产生非常丰富多样的质感效果。石材一般以大理石、花岗岩、青石等坚硬石材为主，在大自然中选取一定造型的石材有意识地摆放在街道旁、道路边、公园某角落或者在庭院中等，都可以形成不错的景观，也比较自然，实用与观赏相得益彰，如图2-6所示；图2-7中，石材通过简单的切割，直接铺在树池或者花池的立面或者台面，都是比较简单实用，而且比较常用的一种做法，既可以起到围护的作用，也可以给人们提供一种短暂的休憩；图2-8中的几何形的现代石材通过构成方式布置，简洁强烈，景观效果好。如图2-9、图2-10所示，仿明代木墩做的户外石桌凳，桌凳脚的镂空处理使整个造型格外轻巧，让本来很沉重的石材有了虚实对比，美感十足。石材由于受到加工的限制，通常加工成方形或者圆形，辅以浮雕、透雕或者圆雕等雕刻装饰，会产生品种多样的园林家具。而根据设置场所、使用功能的不同，石材的选择也比较多样；如图2-11所示，圆雕生肖雕塑是很好的景观点，既是对空间的分隔，又可以是提供停留休息的石凳，也可以使索然无味的环境变得生动起来；如图2-12、图2-13所示，厦门海边某公园局部，青石加工成长条形座椅形状，用粗糙与细腻的工艺方法，配以中国汉字，并用阴刻的手法，既是雕塑也是座椅，景观效果好。

图2-6　自然石材的园林坐凳

图2-7　石材围起来的树池也是园林坐凳

图2-8　石材通过构成方式形成的园林坐凳

图2-9　石材仿明式的园林坐凳1

图2-10　石材仿明式的园林坐凳2

图2-11　既是雕塑又是园林坐凳1

图2-12 既是雕塑又是园林坐凳2   图2-13 既是雕塑又是园林坐凳3

2.1.3 混凝土

（1）概述

水泥、石灰、石膏等无机胶凝材料与水拌和，使混凝土拌合物具有可塑性，进而通过化学和物理化学作用，各种各样的混凝土凝结硬化而产生强度。一般说来，饮用水都可满足混凝土拌和用水的要求。而水中过量的酸、碱、盐和有机物都会对混凝土产生有害的影响。集料不仅有填充作用，而且对混凝土的密度、强度和变形等性质有重要影响。

为改善混凝土的某些性质，可加入外加剂。由于掺用外加剂有明显的技术经济效果，它日益成为混凝土不可缺少的组分。为改善混凝土拌合物的和易性或硬化后混凝土的性能，节约水泥，在混凝土搅拌时也可掺入磨细的矿物材料——掺合料。它分为活性和非活性两类。掺合料的性质和数量，影响混凝土的强度、变形、水化热、抗渗性和颜色等。

在一般情况下，混凝土具有良好的耐久性。但在寒冷地区，特别是在水位变化的工程部位以及在饱水状态下受到频繁的冻融交替作用时，混凝土易于损坏。为此，对混凝土要有一定的抗冻性要求。用于不透水的工程时，要求混凝土具有良好的抗渗性和耐蚀性。抗渗性、抗冻性、抗侵蚀性统称为混凝土的耐久性。

（2）混凝土园林家具案例

混凝土家具用的材料极具自然，又由于其坚固、耐久、实用，在公园家具、庭院家具或者街道家具中都非常常见。工匠通过模具灌浇，能将混凝土铸造成树桩造型的园林坐具，简单实用，如图2-14、图2-15；用最简单的几何体形状（如梯形）混凝土，通过构成的手法，在公园、庭院或者街道某局部摆放，适应性强，易与周围环境融为一体，也显得有艺术感，如图2-16；再在混凝土中加入颜料，可以造就设计需要的色彩，现代感和艺术感兼具，如图2-17；另外，混凝土可塑性强，可以塑造出柔和优美的曲线的有机雕塑感造型的混凝土园林座椅，如图2-18、图2-19；混凝土与木质材料的结合，在现代庭院装修中是一种十分常用的做法，配以灯光可以塑造出意境十足的现代园林空间，如图2-20~图2-25所示。

图2-14　混凝土模仿树桩制成的园林坐凳1

图2-15　混凝土模仿树桩制成的园林坐凳2

图2-16　几何形状的混凝土园林坐凳

图2-17　几何形状的色彩混凝土园林坐凳

图2-18　有机造型的混凝土园林沙发椅1

图2-19　有机造型的混凝土
园林沙发椅2

图 2-20 混凝土与木质结合的园林家具 1

图 2-21 混凝土与木质结合的园林家具 2

图 2-22 混凝土与木质结合的园林家具 3

图 2-23 混凝土与木质结合的园林家具 4

图 2-24 混凝土与木质结合的园林家具 5

图 2-25 混凝土与木质结合的园林家具 6

2.1.4 金属

（1）用作制造家具的金属材料简述

金属材料在园林家具中的应用也越来越广，从金属的花架到金属的座椅，随处可见金属材料在户外空间的运用。常见的金属材料有不锈钢、铝板、铝合金、铜合金、铸铁、合金钢、碳素钢等。金属材料丰富的色彩和强大的可塑性，使户外设施具有非常强的质感和时代感。

①钢材

钢材是金属家具的最主要用材之一，有碳钢、不锈钢；有线材、板材、型材之分。中低档家具一般使用普通碳钢，不锈钢主要用于制造高档的金属家具；管材和型材主要用于制作家具的骨架，板材主要用于制作金属家具的面板，而钢丝、金属铸件常是金属家具的辅助材料，用量极少，可查相关资料选用。

a.碳钢

碳钢是含碳低于1.06%的铁碳合金，此外还含有少量的杂质，常见的有磷、硫、锰、硅等四种。碳钢价格低廉，工艺性能良好，可以采用切削加工，如车、铣、刨、磨；压力加工，如冲裁、弯曲、扭曲、引伸、冷挤、成型与立体冲压；铸造，如压铸、精铸；焊接，如气焊、电阻焊、储能焊、脉冲焊、等离子焊和高频焊等；铆接，如顶镦、辗铆等。碳钢按含碳量的多少可分为低碳钢（含碳小于0.25%）、中碳钢（含碳为0.25~0.6%）、高碳钢（含碳大于0.6%）；根据含磷、硫的多少可分为普通钢（S ≤0.055%，P ≥0.045%）、优质钢（S,P 均小于0.04%）、高级优质钢（S≤0.03%，P≤0.035%）。可以根据开发金属家具的造型、档次、工艺等选择钢材。

b.不锈钢

不锈钢中以铬为主要合金元素，常用的有 1Cr13、2Cr13、3Cr13和4Cr13等几种，耐腐蚀性能好，加工性能亦好，通常用于制作高档的金属家具，若同时加入镍、钛、铌等元素，可大大增加其钝化性能。不锈钢可加工成板、管、型材等，表面也可加工成自不发光、无光泽的至高度抛光发亮的。若通过化学浸渍着色处理，可制得褐、蓝、黄、红、绿等各种彩色不锈钢，既保持了不锈钢原有的优异的耐蚀性能，又进一步提高家具的装饰性。

不管是碳钢或是不锈钢，都有管材和板材之分。管材除了圆形外，还有矩形管、菱形管、肩型管、平椭圆管、梭子管、三角管、边线管等异形管。我国目前常用管壁厚为1~1.5mm，外径以ø14、ø19、ø22、ø25、ø32和ø36的居多。板材常用0.8~3mm厚的薄钢板冲压成各种零件，加工方便，设备简单。凡用于弯曲和拉延的工件，应符合GB912—66普通碳素钢及低合金结构薄钢板和YB215—64深冲压用冷轧薄钢板的技术条件，或不低于同等性能的冷轧板材。

②轻金属材料

由于纯铝的强度较低，它的用途受到一定条件限制，因此在家具制造中一般多采用铝合金。铝合金是以铝为基础，加入一种或者几种其他金属元素（如铜、锰、镁、硅等）构成的合金材料。铝合金是用来制作金属家具的比较理想的轻金属材料，由于它比重小、强度高，富于延展性，易于加工，塑性好，有优良的抗腐蚀性能及氧化着色性能，故在金属家具工业中得到广泛的应用。用它制造的家具，轻巧坚固，防腐性好，携带方便，色泽绚丽美观。在表面处理加工上，可取代耗工多、成本高的电镀工艺。

铝合金依据其合金的成分可分铝锰(Al—Mn)、铝镁(Al—Mg)和铝镁硅(Al—Mg—Si)等合金，依据其性质可分锻铝(LD)、防锈铝(LF)、硬铝(LY)、超硬铝(LC)、特殊铝(LT)等。选材时，要根据设计的要求，选取能够经受热处理、有良好耐蚀性和被切削等工艺性能的材料或合金，以免在生产过程中产生冷裂纹和热裂纹。

由于"铝—镁—硅"系铝合金材料具有强度中等，耐蚀性高，无应力腐蚀破裂倾向，焊接性能良好等特点，目前，一般轻金属家具多选用"铝—镁—硅"系合金材料。该系列合金可以容易制得管材、板材、型材、带材、棒材、线材等多种型材材料。特别是用于制作家具的铝合金管状材料，其断面可根据用途、结构、连接等方面的要求扎制成多种形状，而且可以得到比较理想的外轮廓线条。

③其他金属材料

金属家具除了以上介绍的材料外，铜及合金、钛金等金属材料制作的家具也可在市场中见到。这些材料一般用于制作高档精致的金属家具，同时也常用来装饰点缀普通金属家具，从而提高产品附加值。

（2）金属园林家具案例

金属材料具有较好的韧性、弹性、塑性和稳定性，能被加工成形状千姿百态、风格各式各样的家具。作为家具生产中一种重要材料，金属材料在家具制作中的应用越来越受到人们的重视。有关资料研究表明，国际家具正由"木器时代"跨入"金属时代"，而从目前国内外的家具市场来看，金属家具的市场占有率还相对比较低，因此，金属家具还有较大的发展空间。金属家具被认为是最早使用在室外的家具。1938年，瑞士的设计师汉斯·科劳（Hans Coray）设计出著名的由铝材制成的兰迪（Landi Stacking）（图2-26）轻便户外椅。该铝制作品从两个方面为当时的家具设计画上了重要的一笔：一是，科劳为了户外活动时使用者方便移动椅子而很好地利用了先进的铝材将椅子的重量减轻；二是，科劳为了防止户外活动时遇到阴雨天气，而将椅子设计成是可以防水的。兰迪轻便户外椅的造型是非常成功，坐面和靠背极具吸引力的像银针孔一样的穿孔形式，前窄后宽，可以堆叠存放，节省了空间。兰迪椅被视为现代户外家具的原型。在我国，金属家具的发展起步于20世纪80年代，改革开放后发展比较迅速，但至今仍然只占市场份额的4%～5%。而主要品种为铝合金户外家具、铸铁户外家具、不锈钢户外家具、复合户外家具等。

现代金属家具多用金属（铝合金）管材、线材制作，家具线条流畅，表面光滑细腻，简洁明快，富有现代气息，给人以清新、赏心悦目的视觉感受，如图2-27~图2-30所示。金属家具用在户外的地方非常广泛，如街道、车站、公园以及庭院等，如图2-31、图2-32所示。而由金属薄板冲压制作的家具，其造型的简洁体现着现代高科技激光切割等加工技术和模块化设计，给人以现代大方的感觉，如图2-33、图2-34所示。铸铁用浇注锻造的方法制得户外家具，其造型丰富、独特，坚固耐用，常常具有欧式古典风格，经常作为家庭花园或者公园家具的第

图2-26 兰迪椅

图2-27 铝合金管椅，非常轻便 1

图2-28 铝合金管椅，非常轻便 2

图2-29 铝合金园林家具，携带方便 1

一选择，如图2-35、图2-36所示。金属与木材组合的户外公共坐凳，线条简洁、色彩优雅，比实木制成的家具在耐久性上要稍好一些。金属材料大都采用不锈钢管或铝金属管等制作。人们习惯将钢(或铝)与木材搭配的家具称为"钢木家具"。如图2-37、图2-38所示。

图2-30　铝合金园林家具，携带方便2

图2-31　金属户外座椅

图2-32　车站与站台相连接的坐凳

图2-33　金属秋千椅

图2-34　金属休闲椅

图2-35　欧式金属园林座椅1

图2-36 欧式金属园林座椅2

图2-37 金属与木质结合的园林家具

图2-38 金属与木质结合的园林家具

2.1.5 塑料

（1）塑料及塑料家具的工艺概述

塑料是以单体为原料，作为一种人工合成高分子材料，是通过加聚或缩聚反应聚合而成的高分子化合物(macromolecules)，俗称塑料(plastics)或树脂(resin)，可以自由改变成分及形体样式，主要由合成树脂及填料、增塑剂、稳定剂、润滑剂、色料等添加剂组成。塑料在加热过程中，随着温度的上升，塑料逐渐出现软化直至成为液态。塑料中树脂分子链为线型结构的或支链结构的，随着温度的冷却，温度的变化在分子链间没有产生化学键，属于物理变化。这种在加热过程中没有化学变化的塑料称为热塑性塑料。相反的，对应的热固性塑料在加热后软化流动，这一过程中产生交链固化的化学反应，材料的性质发生改变，再次加热时不能形成软化流动的状态。热塑性塑料由于可以进行反复加工，工艺上满足了回收材料的可利用性，在家具制造中的应用较为广泛，主要种类包括：聚乙烯、聚酰胺、聚碳酸酯等。而由于热固性塑料的不可重复加工性能，其在家具设计中的应用较小，主要种类包括：酚醛、不饱和聚酯、有机硅等。

现代塑料家具加工方法很多，如果做成板材，并能进行二次加工如焊接、切削和表面处理等加工的，与板式家具或者实木家具的制作工艺差别不大；先把塑料成型成条状或者丝状的，可采用编织工艺，与藤编家具或者竹编家具的制造工艺也差别不大，这种塑料家具一般与金属材料结合，在市场也比较多见；另外一种就是直接成型的塑料家具，其成型方法也有很多种，这些方法的选择取决于塑料的类型、特性、起始状态及制成品的结构、尺寸和形状等。通常包含下面几种工艺。

①压塑

压塑也称模压成型或压制成型，主要用于酚醛树脂、脲醛树脂、不饱和聚酯树脂等热固性塑料的成型。压塑是利用模压机和成型模具，在模压成型后继续加热通过发生化学反应而交联固化。该成型工艺和设备较简单，适应性广。

②挤塑

挤塑又称挤出成型，将物料加热熔融成黏流态，借助螺杆挤压作用，推动黏流态的物料，使其通过口模而成为截面与口模形状相仿的连续体的一种成型方法。

③注塑

注塑又称注射成型。注塑是使用注塑机（或称注射机）将热塑性塑料熔体在高压下注入到模具内，经冷却、固化获得产品的方法。注塑也能用于热固性塑料及泡沫塑料的成型。注塑的优点是生产速度快、效率高，操作可自动化，能成型形状复杂的零件，特别适合大批量生产。

④吹塑

吹塑又称中空吹塑或中空成型。吹塑是借助压缩空气的压力使闭合在模具中热的树脂型坯吹胀为空心制品的一种方法。吹塑包括吹塑薄膜及吹塑中空制品两种方法。用吹塑法可生产薄膜制品，各种瓶、桶、壶类容器及儿童玩具等。

⑤压延

压延是将树脂和各种添加剂经预期处理（混合、过滤等）后通过压延机的两个或多个转向相反的压延辊的间隙加工成薄膜或片材，随后从压延机辊筒上剥离下来，再经冷却定型的一种成型方法。压延是主要用于聚氯乙烯树脂的成型方法，能制造薄膜、片材、板材、人造革、地板砖等制品。

（2）塑料园林家具案例

塑料在家具设计中的最初应用是适应社会发展变化的结果，主要包括两个方面的内容。一方面，新材料和技术的发展作为家具设计的主要驱动因素。20 世纪40 年代，新型胶合板材料、新的弯曲技术和胶合板、金属和塑料的结合使用为家具设计师们提供了设计的可能性，这大大地提振了家具设计师的热情。另一方面，这一时期正值第一次世界大战刚刚结束，欧美国家深深地陷入了普遍迫切重建的需求以及物质资源严重短缺的困境中，因此，必须找到快速成型的材料和工艺以方便应用到日常生活用品的设计中去。20 世纪40 年代中期，美国政府为了应对战后人口迅速膨胀的社会现状，急切鼓励国内的生产商和制造商开发设计新类型的家具和新品类的生活用品。为此，美国的纽约现代艺术博物馆（The Museum of Modern Art in New York）举办了以低成本设计（Low-cost Design）为主题的国际性设计竞赛。在这次比赛中，伊姆斯夫妇的玻璃纤维塑料休闲椅（La Chaise），因其轻便、易清洁以及雕塑般的造型，令人耳目一新，为观众呈现出区别于其他材料家具的显著特点。然而，因为技术工艺的原因，直到20世纪90年代，这款椅子才由瑞士的家具公司 Vitra 生产出来，但对于塑料家具早期的设计发展有着非常重要的意义。

20世纪40年代，现代主义的设计思潮从确立开始就不断受到设计工作者的挑战，于是，到20世纪60年代，便兴起了后现代主义设计思想和有机雕塑风格。有机雕塑风格发起于艺术变革，和20世纪初未来主义、构成主义对现代主义影响如出一辙，有机雕塑风格对这一时期的家具设计和室内设计产生了巨大的影响。1952 年，沙里宁（Eero Saarinen）打破了正统的现代主义美学观，为纽约肯尼迪机场的美国环球航空公司设计了富有雕塑感的生物形态的航站楼。因为航站楼的流畅线条再经过变形处理，非常简练，并富有强大的生命力，确立了这一时期有机雕塑风格的视觉基本特征。两端浇铸材料的方法在家具中的应用，使得家具产品从传统的结构组合装配转向到整体的雕塑形式成为可能。1956年，沙里宁设计郁金香椅。郁金香椅的设计摆脱了传统椅子四个支撑脚的结构的设计，支撑脚就像一朵浪漫郁金香的花枝，座椅就像郁金香的花瓣，整体看上去就像正在绽放的郁金香。郁金香花所散发的魅力让很多人为之倾倒，世界上许多著名的公园和游览圣地都少不了它，而郁金香椅也像郁金香花一样，外形大气时尚，现在还是家庭、会所、各类娱乐场合的不错选择，如图2-39所示。

后现代主义的设计思潮对于塑料应用到家具设计中有着积极的影响。塑料材料的丰富色彩以及容易成型的工艺特点让有机整体家具的实现成为可能，也强有力地批判了现代主义的那种简洁线条、单一色彩的特点。最具代表的人物是丹麦的设计师维纳尔·潘顿（Verner Panton），他喜欢用色彩和材料作试验。Panton曾经赢得过无数设计奖项，其中包括国际设计大奖、罗森泰设计精品奖以及德国联邦"优良设计"奖。20世纪50年代初，潘顿开始对玻璃纤维增强塑料和化纤等新材料进行研究，并于1959~1960年间，研制出了著名的潘顿椅（图2-40），这是世界上第一把一次模压成型的玻璃纤维增强塑料（玻璃钢）椅。潘顿椅的设计灵感来源于他丰富和与众不同的想象力。潘顿椅外观时尚大方，有种流畅大气的曲线美，其舒适典雅，符合人体的身材。潘顿椅色彩也十分艳丽，具有强烈的雕塑感，至今享有盛誉，被世界许多博物馆收藏。潘顿椅的成功成为现代家具史上革命性的突破。

图2-39 郁金香椅

图2-40 潘顿椅

近现代，因为塑料材料耐磨、不导电、传热性低，自润滑性能好，耐化学药品腐蚀性强，容易成型加工，能大批量生产，因此适合应用于户外休闲家具。热塑性塑料的可塑料性很强，经过注塑成型，可生产出雕塑感很强的园林家具。由于在加工工艺中可加入各种有色溶剂，表面也可以进行涂饰处理，塑料园林家具色彩丰富、色泽鲜艳亮丽。如图2-41、图2-42所示，采用人造藤并结合木制模块编织而成或者用金属框架编织而成的现代塑料户外休闲家具，主要摆放在庭院、公园角落等，可为人们提供很好的聚会、休闲场所；如图2-43所示，板式塑料可以用机械加工方式与金属构件结合，也是比较常见的一种园林家具，适合摆放在各种场所，有时候加把太阳伞，就显得更加惬意与休闲；如图2-44所示，采用注塑成型的园林塑料家具，造型丰富多样，也比较轻便，便于收纳与携带；如图2-45所示，塑料家具在注塑成型过程中加入各种有色溶剂，并且模具多种多样，结合灯光效果，可以塑造有艺术感的户外园林景观家具，这种园林家具集实用与观赏为一体，也是园林景观设计一种很好的表达手法。

图2-41　塑料藤式园林家具1　　　　　　图2-42　塑料藤式园林家具2

图2-43　塑料板式园林家具　　　　　　图2-44　注塑园林家具

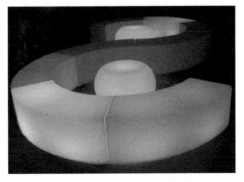

图2-45　注塑园林家具（色彩）

2.2 园林家具新型材料

随着环保理念的不断深入人心，环保材料的研发也越来越受到重视。市场上已经出现了多种环保材料，并且在实际的应用中，这些材料表现出了比传统材料更强的属性。

2.2.1 维卡木

维卡木是一个外来词，是英文 vocana 的音译。维卡木是一种生态木，它是一种不含甲醛、苯、二甲苯、铅、铜等重金属，并且可以回收循环再利用的环保性能优越的再生木材。

维卡木主要由75%原木粉和25%高分子材料构成。原木粉的主要来源是工厂的木材、竹材等边角余料，还有无法继续使用，回收回来的木材以及竹材制品。所以，从原料上来看，维卡木不仅来源广泛，而且非常环保。

维卡木通过对实木进行粉碎、造粒，再经过一系列的工艺处理后挤出成型，具有防水、不腐烂、不霉变、不开裂、抗老化、抗白蚁、抗发霉、抗酸碱、断裂强度大、稳定性高等原木结构很难具备的优良特性，符合户外应用的一切要求。维卡木制品在整个生产过程中不产生任何废水、废气，无噪声和灰尘污染，同时，冷却水是循环使用的，满足国家各工业生产的环境保护要求，几乎不含任何对人体有害的物质和毒气挥发，充分满足了工业化大规模的生产需要。所以，从生产过程来看，维卡木也是非常环保的。

维卡木（图2-46）虽然是木材、竹材等经粉碎再造，但木材、竹材占了绝大部分，因此木质感依然很强，木纹美观，触感也非常理想，让人感觉非常舒适，感观上与实木几乎没有任何区别。除了拥有和天然木材同样的纹理之外，维卡木还可以像天然木材一样进行刨、锯、钉、粘等进一步加工。维卡木应用在户外的另一个优势是不用漆，而天然木材为了防虫、防腐、美观，都要进行几层的刷漆。维卡木免漆的特性不仅使它在应用中更方便，也避免了产生大量有害物质，同时杜绝了实木在户外日晒雨淋后开裂朽烂的缺点。

维卡木可广泛应用在建筑体节能幕墙、铝木复合门窗、建筑园林、市政工程、室内装饰、室内外家具、园艺制品、卫浴设施等耐性要求较高的领域。尤其是在园林中的应用，维卡木的出现具有重要意义。主要产品VOCANA维卡木涉及户内、外墙地面装饰用材，以及园林、庭院专用的各类园林家具（图2-47~图2-49和装饰用材等。产品具有天然木材的质感和纹理，同时具备防水、防霉、阻燃、耐污染、可循环利用等特性，其环保、抗老化、色牢度的各项检测指标均达到国家标准。

图2-46　维卡木材料

图2-47　金属与维卡木结合的园林坐凳

图2-48　维卡木与实木结合的园林家具

图2-49　维卡木与混凝土结合的园林家具

2.2.2　新型竹材

新型竹材是以竹材或竹材废料为主要原料，经过浸胶、干燥、组坯、热压等物理化学处理和机械切削、胶合压制而成的复合型材料。它基本消除了原竹横向和纵向受力的差异性，弥补了原竹竹质参差不齐、易损坏的缺点，并在制作过程中进行了防腐防虫处理，不会产生原竹干枯、断裂、虫蛀等问题，将原竹的柔韧性和木材的致密性双方优点结合在了一起。现阶段，竹集成板材主要包括竹编胶合板、竹帘胶合板、竹席竹帘胶合板、竹材胶合板、竹材层压板、竹材碎料板、竹材复合板以及重组竹八种类型。

重组竹（图2-50、图2-51）是将竹材小径级材、枝丫材等低质材，经辗搓设备加工为横向不断裂、纵向松散而交错相连的竹束，然后干燥、施胶、组坯、热压而成的板状或其他形状的竹质人造复合材料。重组竹在生产的过程中就注重竹纤维的纵横交错，这样既最大限度地保留了竹材原有的物理学性能和天然竹材纹理结构的特点，又提高了竹材的利用率。根据生产过程中的数据分析，重组竹对竹材的利用率可达90%以上。且生产出来的重组竹纵向强度高、规格大、成本低，几乎不弯曲、不开裂，纤维分布均匀，且可以根据需要生产出各种规格，具有很强的可加工性，可以进行工业化生产。并且重组竹的加工工艺简单，是很有潜力开发成建筑结构构件的竹质改性产品。

我国作为竹资源大国，竹材产业化起步较早，产业化程度很高。竹复合材料的成品已经远销美国、德国、日本、英国以及东南亚、拉丁美洲等国家，广泛运用到室内装饰和地板、户外园林家具（图2-52~图2-56）等方面；在工业领域主要用于混凝土模板、车厢底板。将重组竹及竹层积材加工作为房屋建造的梁柱等结构用材已经有所尝试。中国林业科学研究院木材工业研究所与中国建筑科学院合作设计的云南省屏边县杉树小学的梁采用竹集成材三角桁架结构，标志着竹集成材在建筑结构上的应用已经获得初步成功。

图2-50 原色重组竹板材

图2-51 炭化重组竹板材

图2-52 炭化重组竹地板材

图2-53 炭化重组竹用于园林设施1

图2-54　炭化重组竹用于园林设施2

图2-55　炭化重组竹园林家具

图2-56　炭化重组竹园林秋千椅

2.2.3　木塑复合材

"木塑复合材料"（Wood-Plastic Composites简称WPC），主要以塑料为原料，通过添加木粉、稻壳、秸秆等废植物纤维，混合成新的木质材料，再经挤压、模压、注射成型等塑料加工工艺，生产出的板材或型材。木塑材料的出现可以节省大量的天然木材，不仅减少了农村焚烧秸秆造成的污染，并且可以将稻壳、秸秆、木屑等变废为宝，有利于生态环境的保护。

在木塑生产过程中需适当使用添加剂来改性聚合物和木粉的表面，以提高木粉与树脂之间的界面亲和力。由于高填充量木粉在熔融的热塑性塑料中分散效果差，使得熔体流动性差，挤出成型加工困难，也需要加入表面处理剂来改善流动性以利于挤出成型。另外，塑料基体也需要加入各种助剂来改善和提高其加工性能及其制品的使用性能。

木塑复合材料的基础为高密度聚乙烯和木质纤维，决定了其自身具有塑料和木材的某些特性。主要表现在以下几方面。

（1）良好的机械加工性能，可加工性能优越因为木塑复合材料成分主要由塑料和纤维构成，具有和木材相类似的加工性能，机械性能比木质材料好，因此，一般的木工工具即可完成锯、钉、刨等工艺，可以根据需要，制成任意形状和尺寸大小。而握钉力明显优于其他合成材料，握钉力一般是木材的3倍，是刨花板的5倍。

（2）强度性能高，耐用性好

木塑复合材料内含有塑料成分，因而，弹性模量较好；内含纤维与塑料经过充分的混合，抗压、抗弯曲等物理机械性能与硬木相当，并且耐用性明显好于一般的木质材料；表面硬度较高，一般为木材的2~5倍。

（3）耐水、耐腐性能良好

木塑复合材料及其产品与木质材料相比，抗强酸、强碱，耐水、耐腐蚀的性能较好，并且不繁殖细菌，不易被虫蛀、不长真菌。使用寿命较长，超过五十年以上。

（4）优良的可调整性能

助剂可使得塑料易发生聚合、发泡、固化、改性等，从而改变木塑复合材料的密度、强度等特性，也可以使得抗老化、防静电、阻燃等性能得到改善。

（5）着色性良好，产品品类多样

木塑复合材料紫外线光稳定性、着色性良好，可生产的木塑复合材料产品种类、品种多样，满足市场需求。

（6）易回收利用，产品绿色环保

木塑复合材料木质纤维可以是木粉、谷糠或木纤维等木质材料加工剩余物，其塑料原料主要是高密度聚乙烯或聚丙烯，也是容易获得的材料。可以说，主要加工原材料基本上为"变废为宝"的材料，并且能100%回收再生产；也可以分解，不会造成"白色染污"，是真正的绿色环保产品。

与传统木材相比，因为有了天然纤维的成分，塑木有着更好的抗UV(紫外线)性能和更低的热胀冷缩性能，并且像木材一样易于加工，只需要用普通的木加工工具就可以对塑木进行切割、钻孔等处理。塑木的内部和表面的颜色是一致的，所以不需要油漆进行表面处理，降低了成本，也减少了施工步骤和有害物质的产生。塑木不仅具有塑料的耐水防腐特性，也具有木材的质感和纹理，使得它成为一种性能优良并十分耐用的室外建材，例如园林小品、花架、园林家具、木屋等（图2-57、图2-58）；还可替代港口、码头等使用的木质构件；或用于替代木材制作各种包装物、托盘、仓垫板等，用途极为广泛。

图2-57 木塑园林家具

图2-58 木塑园林花台兼园林坐凳

2.3 传统材料和新型材料对比

目前，在公园家具的应用中，传统材料还是一统天下的局面。随着新型材料的推广，以及其在户外应用中所表现出来的卓越性能，新型材料的应用将会越来越广泛。但是，传统材料也具有不可替代的优点和性能，未来的趋势必将是传统材料和新型材料相结合，发挥其不同的优势（表2-1）。

表2-1 传统材料和新型材料对比

材料种类		优势	劣势
传统材料	木材	自然的颜色，柔和的质感	处理工艺复杂，易腐烂、开裂；做支撑结构不理想
	石材	自然的颜色，坚固耐用；可整体加工成为公园家具；也可作为景观元素	笨重，运输、拆卸困难；冬冷夏热；不易加工
	混凝土	混凝土具有良好的耐久性、抗渗性和耐蚀性，价格低廉等	比较冰冷，卫生不好处理
	金属	可以涂以不同的色彩；易塑形，做优美、镂空造型；坚固，做支撑结构优良	易氧化生锈，冬冷夏热
	塑料	易加工、容易成型、价格低廉	抗老化性能差，容易损坏
新型材料	维卡木	原料来源和生产过程环保；具有天然木材纹理，不用油漆处理；防水、不腐烂、不霉变、不开裂、抗老化、抗酸碱、稳定性高	只适合做表面处理，无法做支撑结构

续表

材料种类		优势	劣势
新型材料	新型竹材	黏合强度高，内外密实，板面色泽鲜亮、竹纹清晰、清新高雅，富有弹性，硬度高，品质稳定，不易发生虫蛀、发酶、开裂等现象	像天然木材一样，也需要进行表面处理
	木塑复合材	原料来源广泛，环保；防水、防腐、防霉、不开裂	膨胀系数大；细节处理难度大；长时间太阳照射会有褪色现象；不是同一批次，颜色有差异

本章小结

本章分析传统材料的木材、石材、混凝土、金属和塑料等的材料特性以及新型材料维卡木、新型竹材和木塑复合材料等的材料特性；对作者引用自己拍摄的或者前人的资料中存在的各种材料的经典园林家具的案例进行分析研究，并对比分析了传统材料和新型材料的优劣势。

第3章

园林家具的文化特性分析

3.1 园林文化概述

3.1.1 文化概念

"文化"一词早在中国古代就已有之。"文"的本义是指各种纹理。"文"与"质"、"实"对称，所以《论语·雍也》称"质胜文则野，文胜质则史，文质彬彬，然后君子"。"化"，本义为改易、生成、造化，也指事物形态或性质的改变。

今天我们说的文化与古文中的文化含义大不相同。今天所用的"文化"一词源出于拉丁文 Cultura，原指栽培、种植之意，后引申为修养、教育、文化程度等意。《辞海》对文化的定义是："从广义来说，指人类社会历史实践过程中创造的物质财富和精神财富的总和"。《世界文化大事典》对文化的解释是：文化就是人类以自然为素材，设想着一定的价值（文化价值），并为其实现而努力。梁启超认为："文化者，人类心能所开释出来有价值的共业也"。美国著名人类学家克莱德·克鲁克洪教授认为，文化指的"是某个人类群体独特的生活方式，他们整套的生存样式"。《大英百科全书》（1973~1974）将文化概念分为两类：一类是"一般性的定义"，即文化等同于总体的人类社会遗产；第二类是"多元的相对的定义"，即"文化是一种渊源于历史的生活结构的体系，这种体系往往为集团的成员所共有"。

由此可见，"文化"的内涵是人类诸方面所呈现出来的情感类型、思维模式、价值体系等人类的内在的精神世界。我们可以从狭义与广义两方面来把握文化的概念，狭义文化仅仅是指人们的精神领域；广义文化是人类在改造世界中取得的物质和精神成果及改造世界的方式和能力，它包括四个层次：物质文化层次、制度文化层次、行为文化层次、心态文化层次。

文化是一种社会历史现象，每个社会都有与之相适应的文化，它是一定社会的政治和经济的反映，同时又反作用于一定社会的政治和经济。文化的发展具有延续性、继承性和统一性的特点，社会物质生产发展的历史连续性是文化历史发

展的基础。美国人类学家鲁斯·本尼迪克特对文化的定义是通过某个民族的活动
而表现出来的一种思维和行为模式，一种使该民族不同于其他民族的模式。文化
作为一种民族现象，离不开产生它的民族土壤，离不开传统文化的继承和延续。
中国传统文化是一个完整体系，对中国古代社会及今日依然起着潜质的作用，并
渗透在哲学、美学、伦理、经济及社会生活等各方面。

文化是一个生生不息的运动过程，任何一个国家的文化都有它的过去、现在
和将来，并且总是在原有文化的基础上受到各种外来因素的影响，对外来因素采
取吸收、排斥等反应，从而发展成为新的文化。

3.1.2 园林文化

园林是人们模拟自然环境，利用树木花草、山、水、石和建筑物，按一定的
艺术构思而建成的人工生态环境。园林自初创之日起，就是人类意识中理想王国
的形象模式，也是各文明民族对人与自然关系的哲学理念的艺术模式。中国的园
林艺术有两千多年的历史，其发展的主流一直是在为"天人合一"这个中国传统
的宇宙观探索并创造最理想化的直观的艺术表现形式。它是中国人把自然人化和
把人自然化的艺术方式，也就是中国园林最基本的文化内涵。中国园林文化，是
中国传统文化的生动表现形式。作为社会文化缩影的中国古典园林受到中国古代
社会形态的基本特点和历史进程的严格制约，哪怕是极微小的叠山理水技巧或是
一件盆景，它们的每一步演变都可以在整个社会文化体系的发展和命运之中看到
必然的原由。

中国园林是自然山水园，起源于圃和囿，即居住环境的组成部分，或是为了
休闲能方便到达的地方，它充分体现了中国传统文化中天人合一的哲学思想。造
园伊始，人们就将自身融入大自然，讲求与大自然和谐相处，顺应自然以求生存
与发展。在造园技法上模拟自然而高于自然，"虽由人作，宛自天开"。因此，中
国的园林是以人工或半人工的自然山水为骨架，以植物材料为肌肤，曲径通幽，
庐舍隐现人间仙境，"巧于因借"，利用隔景、障景、框景、透景等手法对空间进
行分隔组合，在有限的空间里创造了无限的风光。山泉、瀑布、小溪，低头观鱼跃，
抬头见鸟飞，听风观雨，草木争荣，百卉争艳，生机勃然，可谓步移景异，静中
有动，动中有静。宋代以后，又在模拟自然的基础上强化了人们在精神思想和文

化上的追求，形成了写意山水园，以诗词歌赋命题、点景，作为造园的指导思想，达到了诗情画意的境地，成为中国传统园林的精髓。

现代园林的很多方面都发生了很大的变化。在功能上，已非局限于传统园林的观赏型，它更多的是面对大众，面对社会，不仅仅是只供皇家或贵族观赏游乐的皇家园林或私家园林了。从这个意义上说，它也就必然承载园林活动者的各种行为，并通过现代园林的物质元素、空间以及场所感限定引导着活动者的行为模式。而从另一个方面来看，人是文化创造的主体，也是行为的主体，尤其是当人类改造自然的行为创造了现代园林后，园林就几乎包含了人类文化的很多方面。显然，活动者在现代园林中的各种行为既是园林文化的表现，同时也是构成城市文化的一个重要组成部分。但是，我们应该看到，人类在改造客观环境的同时，环境对人的反作用也是巨大的。因此，现代园林的出现也使人的行为模式发生了巨大的变化，并随着现代园林的发展而不断出现新的变化，从而使文化的取向和内容也不断发生着变化。

无论是中国古典园林或是现代园林，一般而言，总是地形、水、植物和园林建筑这四项艺术的综合。因此，筑山、理水、植物配置和园林建筑营造便相应成为造园的四项重要内容。这四项工作都需要通过物质材料和工程技术去实现，所以它是一种社会物质产品。地形、水、植物和建筑这四个要素经过人们有意识地构配而组合成有机的整体，创造出丰富多彩的景观，给予人们美的享受和情操的陶冶。就此意义而言，园林又是一种艺术创作。园林具有实用价值，它需要投入一定的人力、物力和资金。园林艺术正是以这种实用技术为基础，成为人类文化遗产中弥足珍贵的组成部分。园林既满足人们的物质需要，又满足人们的精神需要，既是一种物质产品，又是一种艺术创作。

行为总是与文化相联系的，人的行为模式在不同文化背景下所表现的方式也是不同的。因此，作为园林文化的精神层面所要探讨的必然是指导人的行为一种制度、准则与思想。它不仅是指导活动者在园林中的行为的内在因素，同时也是园林的文化塑造所要继承与扬弃的传统。园林设计是人类对自然环境的改造，是对土地的规划管理，目的是营造一个更加宜人的生活环境。在这一过程中，人的主观思想不免占据了主导地位。也就是说，人的思维观念对造园活动起到指导性的作用，园林设计是反映人的意识形态的一种表现形式。所以说，园林文化成为人类文化的一个重要构成因子，它和其他文学艺术作品一样，都生动地反映了一个国家、一个民族的精神核心。因此，在园林文化中蕴含着不同民族的人文精神，它是传统文化孕育而成的内在于主体的精神成果。

3.1.3 园林家具文化

家具是人们生活中不可缺少的因素，也是文化生活中最能从观感上影响感情的因素，是文化的载体，也是文化的一种形式。家具文化的概念是人们对家具本质理解的升华。在古今园林发展的历史长河中，家具是其中具有丰富文化内涵的用具。

园林家具中所表现的人类文明发展的特征是与生俱来的。随着人类生活方式的不断改变，科学技术的不断进步，园林家具也逐步演变成一条蕴含着人类文明精神的文脉，体现出不同地域、不同时代的特征。园林家具的发展一直伴随着艺术与科技的发展而发展，反映了不同时代人类的生活形态和生产力水平，随着科技的进步、新材料的发明和工艺的提高，园林家具艺术风格不断达到新的高度。

园林家具作为园林艺术的重要组成部分，它在表面上反映的是品类繁多、形态各异的家具产品，但本质上所反映的是：在一方面按照政治、经济、思想和道德伦理来决定园林家具的意义、内涵与形象；另一方面，园林家具在不断地凝聚其丰富的历史文化传统内涵的基础上，其本身也在不断地深化并改变着人类的方方面面。因此，园林家具可以说是人类文化的见证和缩影，园林家具文化也是一个属于大众层次的完整的文化体系，它的社会意义在很大程度上受中国主流文化的影响。清新闲适的园林家具在中华文明的发展过程中始终占有一席之地，儒家、道家的思想精髓尽显其中。

园林家具文化是物质文化和精神文化的整合，即通常所说的物质功能和精神功能的整合。物质偏于理性，精神偏于感性，物质是基础。物质与精神的辩证统一，感性与理性的密切结合，才能体现园林家具文化的深层内涵。从物质文化的层面来看，园林家具随着人类物质技术、生产力的发展而发展；园林家具的工艺技术和内部结构反映了工艺技术和科学技术的发展状态；园林家具材料是人类认识自然、利用自然、改造自然的全面系统的历史记录；园林家具品种和数量是人类从原始社会、农业时代、工业时代到信息时代不断发展、进步的标志。从精神

文化的层面来看，园林家具的功能、造型、色彩、装饰等因素从不同方面体现了
人们的审美情趣。园林家具的设计处处体现不同时期的人文思想、文化观念，它
以特殊的艺术形式直接或间接地通过隐喻或文脉思想，反映当时社会思想与意识
形态，实现象征功能和对话功能。

3.2 中国园林家具文化发展历程

家具作为一个时代人类活动的产品，不论个人的原因给它们带来多大的变化，
它们都有一些共同点，正是这些起源于社会原因的共同表征，产生了家具发展变
化的概念。同样的社会和文化条件，同样的生产方法和手段，同样的外表和心理，
都在千变万化的形式构成上留下共同的印记。园林家具的发展变化，不在乎当时
的人们是否有意追求过它们或者意识到它们，规律消除了人们设计家具中的偶然
机遇，给创作活动的每个方向以它们自己特定的表情。因此，任何的家具都不仅
包含着对这种现象的那些有机组成的规律的阐释，而且在这些规律和特定的历史
时代之间建立确定的联系，也通过同时代其他形式的人类活动和创作从而使它们
得到核实。

家具的演变不仅表现于形式，同时具有艺术、文化、社会发展等深刻的内涵，
它所表达的是人们的生活方式、文化艺术、社会科技发展等深刻的含义。园林家
具的发展演变经历了一个漫长的过程，尽管它们展现、存在的时间不同，表现形
式各异，但是相同点是明显的，就是它们都受到政治、经济发展的直接影响，也
都同时受到当时文化背景的制约，它们都是随历史潮流而动的文化现象，都是社
会发展到一定阶段的产物。园林家具作为中国传统艺术的重要组成部分，在不同
的时代背景下，遵循着中华民族特有的哲学思想和审美观念，通过一定的材料和
工艺，展现了人们艺术化的生活方式和内在精神。

中国园林与家具两者都继承了中国千年历史的文化传统，园林家具是伴随着
园林功能性增加而产生的，其发展的历程离不开园林艺术的历史轨迹。园林家具
作为物质载体，在一定程度上衬托出园林主体的文化意蕴，其中透视着不同历史
时期的人文思想，通过特定的形式与造型表达景观的意境，从而使园林的构成要
素富于内涵和景观厚度。

中国园林历史悠久，是我国古代建筑艺术的珍宝，造园艺术更是源远流长。中华民族为了探寻一个可居可游可赏的理想生活空间，上下求索，付出了数千年岁月，早在周武王时期就有建宫苑的活动。园林的存亡兴废，既与国家的兴衰密切相关，更与时代的文化思潮、时代精神相伴左右。在中国古代，魏晋、中唐和明末是中国园林的形态发生飞跃和园林发展的巅峰期，同时也是中国思想领域中三个比较开放并具有特色的时期：魏晋以封建门阀贵族为基础，带有更多的哲理思辨色彩，理论创造和思想解放突出；从中唐到北宋，则是世俗地主阶级在整个文化思想领域内多样化地全面开拓和成熟、为后期封建社会巩固基础的时期；明中叶掀起了以市民文化为主体的浪漫主义思潮，标志着资本主义意识形态的出现；明末清初随着王学左派"心学"的兴起和高扬个性、张扬人欲的思潮的出现，迎来了园林文化的再度辉煌，但随后逐渐出现了中国古典园林艺术鼎盛后的滞化现象，园林趋向定型化和程式化。

中国园林家具伴随着中国园林的发展而发展。家具的实用功能是家具的基本属性，是家具制作的基本因素，园林家具满足人们在户外园林中的物质与精神方面的需求，在不同历史时期受到社会形态、社会心理、风俗习惯、生活方式、审美情趣的影响。它体现了不同时代的审美情趣，传递着传统文化信息，成为构成环境意境和气氛的重要因素，它是一种丰富的文化形态，在形态各异的园林家具中，体现了中华民族深深的文化烙印。以孔子为代表的儒家学说，以老庄为代表的道家学说，具有深奥哲学思想的《周易》，奠定了中华民族文化的心理结构，成为中华民族世代相传的文化因素。中华民族传统观念、传统文化一方面或依稀或明显地留在各个时期园林家具工艺创作形式中，另一方面则反映在人们进行园林家具工艺创作行为时的心理上，作为一种古老的情感因素被人们自然传袭、接受。正是这些世代相传的传统文化因素，使我们能够把握中国园林家具的发展脉络，理解其发展演变的内在规律。

3.2.1　汉魏晋时期园林家具的发展

中国园林的文化基因，源自先民对自然的崇拜和由此产生的神话。中国园林，起源于对神话的昆仑神山和蓬莱仙境的模拟，秦汉帝王为了当人间的活神仙，修筑了象天法地的宫苑。"一池三岛"的秦汉模式，成为我国园林营造的第一次飞跃。

魏晋士人"玄对山水",从青山绿水中找到了任人啸傲的"仙境",出现了有若自然的士人山水园林,推动了中国园林的第二次飞跃。

中国原始先民和世界上其他先民一样,都产生了原始宗教信仰和原始崇拜这种特殊的意识形态,同时创造了"神"。在原始人看来,自然力是某种异己的、神秘的、超越一切的东西。在所有文明民族所经历的一定阶段上,他们用人格化的方法来同化自然力。正是这种人格化的欲望,到处创造了许多神。中华先民创造了世界上最原始的无性创世神话群、昆仑神话系、蓬莱神话系、盘古神话系等。中华神话中臆想的神灵们的生活空间是神山和大海的结合,其中,山、水、石、植物、建筑一应俱全,正是后世造园的几个基本要素。先民们出于对山川天体的崇拜、对人生命的眷念、对永生的渴望,这种本能幻想出来的仙境,成为中国园林中理想的景观模式之一。

随着人本精神和天人合一的天道观的逐渐确立,秦汉帝王从崇拜天地到"象天法地"、"模山范水",或者直接将宫苑简称人间的"仙境",或将自然山水摹写到园林。战国诸侯和秦汉帝王都神往于海中仙山,笃信海中有长生不死药的神山仙苑,遥想位于神秘大海的缥缈仙岛。秦始皇将神话中的蓬莱仙境建进宫苑,"始皇都长安,引渭水为池,筑为蓬、瀛……"(《史记》卷六,《秦始皇本纪》三十一年十二月条引《秦记》)。汉武帝将上林苑扩建为苑中有苑、苑中有宫、苑中有观的规模更加宏大的建筑群,水体在其中占据了重要位置。建章宫北的太液池,池广十顷,象征北海,池中出现象征海中三座神山的景观:瀛洲、蓬莱、方丈。这种神仙方士们的理想境界,丰富并提高了园林艺术的构思,促进了园林艺术的发展。对山水的处理,以自然主义的手法力求体量的庞大与形式的逼真。自此,由秦始皇开端,汉武帝集其成的"一池三山"布局纳入了园林的整体布局,从而成为皇家园囿中创作宫苑池山的一种传统模式,称为"秦汉典范"。园林艺术创作中的这种神仙境界的趣味,随着道教思想的形成,得到了进一步的发展和充实。

东汉以来独立的庄园经济日益巩固和发达,出现了一批门阀世族和世俗地主,他们是文化和财富的拥有者,为私家园林的构筑提供了丰富的文化及雄厚的经济基础。

建筑园林与家具是里与表的关系,任何宫殿、亭台楼阁都不可能离开家具,只不过木制的家具不易保存而没有留下遗迹。秦汉园林的兴起势必推动家具的发展。由于年代的久远，我们今天研究这一时期的家具主要是通过绘画、壁画、画像石、画像砖以及漆画、帛画等。例如河南省密县打虎亭1号墓前室西壁石刻画像，表现的是在庭内引谒的场面。画面中间横置一张长条形几，为拱形栅形四足，下有横枨，几前地上放置一个方形筒。

汉末至魏晋南北朝时期，中国社会陷入了动荡、分裂的状态，权力分散，政治对学术与艺术的干预弱化，以此为契机而带来的多元文化走向，为山水文化园的发展提供了有利的社会环境。在思想领域，老庄哲学重新为人们所重视，佛学输入、玄学勃兴。士大夫尚玄之风日炽，以玄对山水，山水的自然美开始作为独立的审美对象，从自然山水中领悟"道"，唤起了人的自觉、文学的自觉，在这种时代精神影响下，士人中出现了为后人所称道的"魏晋风度"，讲究艺术的人生和人生的艺术，诗、书、画、乐、服饰、居室、园林，融入到人们的生活领域，特别是悠远清幽的山水诗、山水画和士人山水园林，作为士人表达自己体玄识远、萧然的襟怀的精神产品，呈现出诗画兼融的发展态势。

频繁的改朝换代，社会的动荡不安，士人开始抛弃往日价值观中的圣贤理想，挣脱了礼法教条的束缚，更多地考虑到了人生命的价值，重视人的永恒。寻求生命的永恒和超功利的人生境界的道教深入人心，谈玄论道，崇尚隐逸，普遍追求"五亩之宅，带长皋、倚茂林"（孙绰：《遂初赋叙》，《世说新语》注引）的高品位的精神生活。六朝士人园林开始从写实向写意过渡，将自然作了艺术的"人化"，园林中的山水和植物等自然形态构成园林的主要景观体系。士人的自然山水园对皇家园林产生了巨大的影响，在时代精神文化的浸染下，帝王宫苑的面貌发生了巨大的变化，在布局和使用内容上既继承了汉代苑囿的某些特点，又增加了较多的自然色彩和写意成分。皇家宫苑的人工建构、布局追求与自然山水的巧妙结合，构山合乎真山的自然体势，林木掩映，楼观高下随势，妙极自然。虽然没有超越汉代宫苑"体天象地"的营构理念和秦汉典范，但造园艺术已经升华到较高的艺术水平，为隋唐时期的全盛奠定了基础。

汉代人们的起居方式以席地而坐为主，与此相适应，家具以低矮型为主。家具品种繁多，形成了完整的供席地起居的家具系列。西汉后期，出现了"榻"这个名称，它专指坐具。《释名》说："榻，言其体，榻然近地也。小者曰独坐，主人无二，独所坐也。"这时期的家具都是随用随置，没有固定的位置，以筵铺地，以席设位，根据不同场合而作不同的陈设。在园林家具的设计使用上，亦是如此。

秦汉时期的园林中，家具的设置基本采取随用随置。当统治者与上层贵族在户外时，仅供一人使用的独坐榻以其形式与尺寸便于侍从携带，在园林中应用较为广泛。在东晋顾恺之的《洛神赋》图中，画中身穿红色长衫在洛水边的曹植，盘腿静坐在一独坐榻上，在他身后，还有三个侍者手持宫扇，两名侍者手捧诗书见图3-1，可见，当时的贵族文人，在室外园林活动中，可将室内的家具移至室外，随用随置。

图3-1　东晋顾恺之《洛神赋》（局部）

除了独坐榻，秦汉时期茵席的使用也较为普遍。茵席是指供坐卧铺垫的用具，在古代人们的日常生活中占有重要的地位。在秦汉魏晋时期，人们的起居方式是以席地而坐为主，它不仅是人们生活起居的必需品，而且成为礼仪的象征；同时，因其可舒可卷、随用随设、轻巧灵便等特点，始终沿用不衰，在户外园林环境中，尤其便于携带。在寄情山水的魏晋文人看来，一卷茵席，随置随用，在青山碧水之间，尤其体现出与自然相融的高雅与悠闲。

图3-2　唐代孙位《竹林七贤图》中的席与镇（局部）

竹林七贤是魏晋高士的代表。这时期，清谈之风盛行，他们好老庄，蔑礼仪，时常于郊外饮酒弹琴，传统家具"席"成为这些高士的室外园林坐具。唐代孙位的《竹林七贤图》（图3-2）中，描绘了竹林七贤，在蕉石树木之间，铺设着各式的茵席。图中，山涛、王戎、刘伶和阮籍分别席地坐于四张茵席上，形态各异，其中，持如意的王戎坐着的席子四角上还放置着"镇"。"镇"一般与席同时使用，用铜或玉石制成，质地较坚重。茵席随用随设，不用时即卷起保存，这样往往铺设时容易四角卷翘，因此用"镇"压在四角，体现了魏晋时期的高雅之士的闲情逸致。

胡床在东汉时期从北方少数民族传入中原，可以折叠，携带十分方便，使用的范围相当广泛，由于它便于移动安设，也常作为庭院中随意安设的坐具。《南齐书·张岱传》记载："岱兄镜曾与颜延之为邻，延于篱边闻其与客语，取胡床坐听……"可见，在秦汉魏晋时期，人们以席地而坐的生活方式为主，日常生活中使用的是低矮型的家具。户外的庭院、园林家具以便于携带的席、榻、凭几等低矮型家具为主。根据人们不同的户外需求，或休憩、或行路、或交谈，将室内所用的家具移至户外园林中，家具随用随置，席、榻、胡床都是这一时期常见的园林坐具，与之相匹配的是凭几、镇等家具。

3.2.2 隋唐时期园林家具的发展

隋至盛唐是中国封建社会的鼎盛时期，出现了民族文化的大融合与大发展，社会政治、民族、文化等在总体上都呈现出多元的特点，思想界儒、道、释三教并存。艺术审美理论有了突破性进展，诗画高度发达，诗画艺术开始与园林艺术结合，园林的艺术风格多姿多彩，人生社会体验和审美情感开始浸润进园林风景中，为中国传统园林艺术体系的成熟奠定了基础。

盛唐士人对自然美的认识有了完全的自觉，园林与士大夫们的生活也结合得更加密切。私家园林中，士人园林在诗人、画家的直接参与下，讲究意境创造，力求达到"诗情画意"的艺术境界，从美学宗旨到艺术手法都进入了成熟阶段。凭借他们对大自然风景的深刻理解和对自然美的高度鉴赏能力来进行园林的规划，同时也把他们对人生哲理的体验、宦海浮沉的感怀融注于造园艺术中。于是，士人园林所具有的那种清新雅致的格调得以更进一步地提高和升华，更添上一层文化的色彩。当时，比较有代表性的有浣花溪草堂、辋川别业等。其中，王维的"辋川别业"是天然山地园，具有湖山之胜，诗人融自然美与艺术美于一体，开创了后世写意式山水园的先河，诗中有画、画中有诗。文人官僚开发园林、参与造园，通过这些实践活动而逐渐形成了比较全面的园林观——以泉石竹树养心，借诗酒琴书怡性。这对于宋代文人园林的兴起及其风格特点的形成也具有一定的启蒙意义。

这时期的皇家宫苑吸收私家园林追求诗画意境的构园经验，讲求山池、建筑、花木、家具的配置设计和整体规划，注重建筑美、自然美之间的协调。此时期的造园活动和所建宫苑的壮丽，比以前更有过之，而无不及。如在骊山的华清宫随地势高下曲折而筑，是因地制宜的造园佳例。这里青松翠柏遍岩满谷，风光十分秀丽。绿荫丛中，隐现着亭、台、轩、榭、楼、阁，高低错落有致，浑然一体。隋唐宫苑中的宫殿与园景紧密结合，寓变化于严整中，虽然宫苑本身仍遵循仙海神山的传统格局，但在以山水为骨架的格局中，都是以水景为主。大明宫的宫苑，以太液池的浩渺湖水为主要景观，池中筑有蓬莱山，山上有蓬莱亭，池南有蓬莱殿、拾翠殿等，建筑与山水花木相结合，人工美融于自然美之中。

盛唐画家张璪在《绘境》中提出了"外师造化，中得心源"的艺术创作观念，强调了心悟、顿悟等心理体验，将艺术视为一种自娱的产物、寻求内心解脱的一种方式。"外师造化，中得心源"成为园林艺术创作所遵循的原则。魏晋以来的士人园林进入了园中有诗、园中有画的艺术境界，从美学宗旨到艺术手法都开始走向成熟；借助真山实景的自然环境，加上人工的巧妙点缀，诗情画意的熏染，盛唐时期的园林虽然仍属于自然庭园的范畴，但已经呈现出园林艺术从自然山水园向写意山水园过渡的趋势。

中晚唐开始，美学发展呈现出三教合流的态势，禅宗的"千百法门，同归方寸。河沙妙德，总在心源"（普济：《五灯会元》卷四，中华书局，1984），强调意境的创造，极大的主观心灵的能动性，包含着更为深刻的对审美特征的理解，也包含着对审美艺术创造及其类似的心理特征的深刻理解。人们开始从与自身的愿望、情感、理想相契合的自由的境界中去寻找美的满足，园林展示着人生的感悟。中唐开始，文人的山水园意境大量出现，醉心于造园手法的发挥和着意于形式美的追求，开始以小中见大的造园理论和手法，创造变化丰富的艺术空间。白居易提出了"隐在留司官"的"中隐"理论并和他的园林联系起来。他的庐山草堂，选址注意借景，做到俯仰有景、四季有景，保持植物和环境的原生态，建筑和室内家具融于自然，保持原朴状态，为后世文人园林开创了可资效仿的造园规范。晚年归休的"履道里园"，带有宅园性质，小园里的水、竹成为白居易审美情感的人格化呼应对象，具有浓厚的抒情写意色彩，首开了江南文人写意园的先河。

  隋唐时期是中国家具形式变革的过渡时期。当时，人们的起居习惯仍然是席地跪坐、伸足平坐、侧身斜坐、盘足迭坐和垂足而坐同时并存，反映在家具上也是低矮型家具与高形家具并存。由于历史发展的必然，垂足而坐成为主流，高形家具逐渐流行推广。在园林家具中，可以见到低矮型家具与高形家具同时并存。在唐敦煌壁画中（图3-3），可以看到人们在庭院中使用的坐具既有垂足而坐的长凳、扶手椅，也有盘足而坐的榻。

  隋唐时期园林艺术从自然山水园向写意山水园过渡，通过对意境的强调，体现了人们对山水园林审美特性的理解以及对人生的感悟。对园林中家具的配置与使用，重视自然环境与人工的结合。因此，家具一方面以自然的山石为材料，将家具与园林景观相结合，另一方面仍然沿袭前朝做法，将室内家具移至户外使用，满足人们不同的户外需求（图3-4）。

图3-3 唐敦煌壁画中的床榻

图3-4 陕西长安南里王村唐墓壁画中的榻

  被宋徽宗赵佶误题唐代韩晃的《文苑图》实际是五代周文矩的《琉璃堂人物图》的后半部，画中描绘的是唐代诗人王昌龄和他的朋友们在江宁（今江苏南京）琉璃堂聚会吟咏诗文的情景。图3-5中可见在枝干苍劲的松树旁，布置着石制的园林家具，利用天然湖石的层层垒砌，形成石凳、石台，以供人们垂足而坐以及研磨、书写。

图3-5 五代周文矩《琉璃堂人物图》局部

  五代阮郜的《阆苑女仙图》描绘了苍松翠竹间，一群女仙休闲的情景。虽然描绘的是传说中的仙境，实际上是以世俗生活为蓝本，反映了当时人们的闲适生活。图3-6正中为一仙岛，其上松竹茂盛，松下竹间有女仙在石桌上布置杯盘者，有相对观书者，有手弄丝弦者，有相顾而言者。从图中可见石桌、石凳，外形结合天然原石的形态，点缀在苍松翠竹之间，与园林景观融为一体，满足人们的各项活动。

图3-6 五代 阮郜《阆苑女仙图》局部

唐代陆曜的《六逸图》画了六位汉晋时期的文人逸士，包括音乐家马融、爱酒的陶潜、醉学者毕卓等。画上的第三个人物就是大肚学者边韶，图3-7描绘了一个几乎裸体的老人背躺在竹席上。他的脚翘在一张隐几上，头枕在一捆书笈上，双手还抓着一轴，放在胸前。他看上去睡得很惬意。席、几是室内常见的家具，根据人们在户外园林中的具体使用，将其移至室外，在唐代也是常见的做法。

图3-7 唐代陆曜《六逸图》局部

3.2.3 宋元时期园林家具的发展

宋代是中国原始工业化进程的启动时期，是中国早期市民文化发展时期，也是中国古典园林走入成熟的时期。宋初实行佑文政策，强调以文德致治，出现了历史上名副其实的文治社会。君权高度强化，门阀势力消失，朝廷广开科举，从皇帝到士人，追求生活享受，追求风雅，体现出精神上的同一性。园林成为上至皇帝、下至文人雅士的一种精神载体，从皇家宫苑、士人宅园到酒楼花园，"着意林石之幽韵，多独创之雅致"。

宋文人在知性反省、造微于心性的理学的影响下，认为"惟其与万物同流，便能与天地同流"，（《二程集·河南程氏遗书》卷六），因而追求人与自然的愉悦亲切。他们将这种情致浸润在园林中，通过文学题咏体现出来，出现了真正意义上的主题园，这是中国园林文化的第三次自我超越。如司马光的"独乐园"，谓仕途不得意，君子独善其身之意，旨在自适其乐，排遣抑郁。园林中的一草一木一石，都成为文人们抒发情感的工具；园林中的亭台花木布局，一任自然。南宋时期，借助于优越的自然条件，园林风格一度表现为清新活泼，自然风景与名胜得到进一步的开发利用，江南出现了文人园林群。宋代的文人园林中，建筑基本上处于配景地位，体量虽大，但在园林中不占太大比例，自然空间仍是园林的主体。随着主题园的成熟和发展，中国写意式山水园林走向精雅，园林的诗情画意特征越发突出，并且渗入皇家园林。

中国元代是传统的中原农耕文化和特点鲜明的蒙古游牧文化并存的时代，也经历了两种文化发生激烈碰撞、融合的过程，其中，主要以蒙古文化的汉化为特征。元朝实行民族压迫和民族歧视政策，汉族文人失去了传统的学而优则仕的晋升之路。元朝对宗教采取了兼容并蓄的政策，除了禅宗、道教以外，喇嘛教、伊斯兰教、基督教等也在国内流行，文人中消极遁世的思想以及复古主义思想泛滥。经过宋元的朝代更替，一向信守夷夏之别的汉族文人，思想苦闷，民族情绪始终环绕心间，许多人走向山林，试图远离世俗的愤懑，去做林间友、尘外客，在艺术上，更加追求抒发内心的意趣。由于儒学的沉沦、文人地位的下降，文人园林一度比较萧条。而皇家宫苑则体现了汉族和蒙古族文化的融会，在传统的皇家宫苑中融入了某些游牧民族的文化因子。元代太液池的万岁山，以玲珑石叠垒成自然峰峦的形态，与宋代不同的是，不再追求摹写自然山水、追求山林气势，而是将这些玲珑山石，置于松桧隆郁之下，造成峰峦隐映、秀若天成的意境，空间与山体缩小，构园艺术进一步走向写意。

宋代是我国起居方式由席地而坐转变到垂足而坐的完成时期。隋唐五代虽然已经出现了高型坐具和卧具，但大多限于贵族家庭使用，到了宋代，则普遍见于平民之所。高型家具的使用已经非常普遍，而跪坐方式极为少见。至此，垂足而坐的起居方式代替了席地而坐的起居方式，家具的形制也产生了较大的变化。在宋代的绘画作品中，我们可以看见这一时期产生的新的家具形式，如交椅、琴桌等。

宋代是中国古典园林走向成熟的时期，文人追求人与自然的相互和谐，自然的情致浸润在园林中，充满诗情画意。园林家具的设置在材料与用途上也体现了宋代文人园林的精巧与雅致。

石制的园林家具在工艺制作上更加精美，石桌、石墩是常见的园林家具，造型简洁，结合园林景观，多为固定式。如图3-8所示，北京故宫博物院所藏的宋代绘画作品《南唐文会图》，描绘了五代十国时期南唐文士在庭院中聚会的场面，反映了那个时代文人墨客的日常生活。在图中，芭蕉林立，树木丛生，青山绿水之间，一群文士开怀际会，提笔工书，鉴赏古玩。在画面的左侧，可见石桌上放置着古玩。画面正中的大木桌旁，安置着石墩，墩面覆盖着织物。石桌面加工平整，桌脚则结合原石的自然形态垒砌而成，固定地放置在树旁；石墩则体量不大，可以根据需要，移到木桌旁，墩面覆盖织物，提高了坐面的舒适性。

图3-8　宋代佚名《南唐文会图》局部

现藏于美国大都会博物馆的《琉璃堂人物图》中（图3-9），三位文人所坐的是坐面平整的天然原石，石面覆盖织物，而另外一位僧人则端坐一张原木扶手椅，椅子采用原木的随形就势，突出瘿节，"师法自然"。

图3-9　五代 周文矩《琉璃堂人物图》局部

宋代园林家具与人们的日常活动息息相关，人们根据具体的使用要求，将室内家具移至户外园林中，因而，我们可以在宋代的绘画作品中看到宋代园林中种类繁多的家具。在坐具方面，以便于携带的交椅、杌凳、坐墩为主。

图3-10　宋代 佚名《蕉荫击球图》

在宋画《春游晚归图》中，描绘了跟随在骑马官员身后的几名随从，一人肩扛方杌凳，一人肩扛交椅。可以想见，当主人们在欣赏宜人春色时，可以随走随停，在交椅、杌凳上坐观美景。宋代佚名画家的《蕉荫击球图》（图3-10）描绘了南宋贵族庭院里的婴戏小景。庭院内奇巧的湖石突兀而立，其后隐现茂盛的芭蕉数丛。石旁的少妇正与身旁的侍女专注地观看二童子玩槌球游戏。少妇俯身案上，身后是一张交椅，书案、交椅可以想见是从室内搬到庭院中，满足人们在庭院中的

具体活动需求。在苏汉臣的《秋庭戏婴图》（图
3-11）里，笋状的太湖石高高耸立，芙蓉与雏菊
摇曳生姿，点出秋日庭园景致。庭院中，姐弟二
人围着小鼓墩，聚精会神地玩推枣磨的游戏。不
远处的鼓墩上、草地上，还散置着转盘、小佛塔、
铙钹等精致的玩具。藤墩是以藤材制作的墩，外
观古朴、素雅，自然美观，结实耐用，同时便于
携带，也是常见的园林坐具。宋代刘松年的《松
荫鸣琴图》中，弹琴者坐在藤墩之上；在宋佚名
的《梧荫清暇图》《消夏图》《荷亭对弈图》等
画中，均可见到藤墩的使用。

图 3-11　宋代 苏汉臣《秋庭戏婴图》

　　此外，宋代文人还常于庭院园林中绘画、抚
琴、休憩，因此需要有相关类型的家具来作为人
们开展活动的载体，如画案、画桌、琴桌、香几、
榻等家具，在园林中也得到广泛的应用。赵佶的《听琴图》（图 3-12）、刘松年的
《松荫鸣琴图》中可见琴桌、香几。佚名的《槐荫消夏图》（图 3-13）中，描绘了
一位文人闲适的消夏避暑生活：在盛夏的绿槐浓荫下，一男子祖胸、翘足，仰卧
在凉榻上，闭目养神，怡然自得。床头立着一面屏风，上面绘有雪景寒林图，给
人一种清凉扑面的感觉。在他伸手可及的几案上，放着书卷、香炉、蜡台、茶漏
等物件。屏风前常设床榻或桌案，在宋代是常见的陈设手法。

图 3-12　宋代 赵佶《听琴图》局部

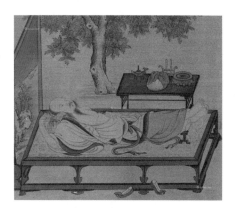

图 3-13　宋代 佚名《槐荫消夏图》

元代采用汉法，所以不仅在政治、经济以及管理制度等方面承袭宋代制度，就是在建筑家具等方面也多承袭宋代的传统，但是由于各民族的杂居、交流，也留下了不同于前代的新的历史印记。元代的园林家具，一方面沿袭着宋代园林家具的形制，同时也出现了一些新的变化。

山西永乐宫是我国元代的一座道教寺观。在永乐宫的几个主殿里，保存着多幅元代壁画。纯阳殿北壁上有一幅《夏日亭园图》，画中有一长者，正坐在交椅上，椅下设有脚踏。二者的造型与使用，与宋代一脉相承。可见，元代园林家具显然承袭了宋代的形制。

元代王振朋的《伯牙鼓琴图》（图3-14），弹琴者坐在宽大的原石上，琴置于膝上，一人以原石为凳，俯首听琴，图中原木香几的三足采用树枝的自然形态，其上放置香炉。在庭院中焚香抚琴，无论是行为还是家具的配置，仍然沿袭着宋代文人高士的情趣。

图3-14　元代 王振朋《伯牙鼓琴图》

宋代时，屏风前常设床榻或桌案。到了元代，它在使用上发生了变化，屏风前常设椅子、坐墩等坐具，除了在室内布置，常移到庭院里使用。如《文会图轴》中，屏风前就放着几个墩，这种布置手法，可以说是从元代开始，此后一直沿用至明清时代。

图3-15为元代《秋庭书壁》，画中文人相聚，庭中一角，高大的枫树与桐树下，文人正在雅玩遣性。一人倚栏赏景，书僮捧册随后。一人挽袖题壁，书僮在后研墨，旁一人立观。两人坐于桐荫，正展卷品赏，旁另有小童数人，或捧卷侍立，或洗茗碗。画中描绘了在庭院园林中的屏风、书桌、坐墩、香炉等家具器物。

图 3-15 元代 佚名《秋庭书壁》

3.2.4 明清时期园林家具的发展

明代初期，统治者在政治上加强了集权制度，设立锦衣卫和东西厂，对群臣和百姓进行监视，实行特务统治；经济上采取传统的重农抑商政策，商业经济一度受挫，朝廷限制营造私家园林，因此，鲜有私家园林出现。到明代中期，抑商政策出现了一定的松动，江南出现了资本主义的萌芽，海外贸易也不断发展，苏州等城市成为商品集散地之一，经济发达，商人、作坊、文人士子人数众多；另一方面，士子流连繁华城市，出入市井，乐与商人、能工巧匠等交友，越来越具有一种世俗平民化的特征，张扬个性和肯定人欲的思潮已经出现，文人市民化，审美趣味世俗化。艺术趣味发生了深刻变化，艺术创作商品化。士大夫们有了金钱，将造园作为重要的文化环境建设，中国园林出现了新的繁荣局面。私家园林经过明初一段时间的沉寂，到了明代正德、嘉靖年间蓬勃兴起，如苏州的拙政园、留园等，中国特色的园林文化体系基本成熟，园林艺术也日趋完美。

明代末年，由于政治的腐败，王学左派"心学"的兴起和禅宗思想的广泛渗透，主体意识加强，人的自我价值觉醒，越来越多的士人冲破了僵化的思维，出现了高扬个性和肯定人欲的思潮。伴随文人的市民化、审美趣味的世俗化，更多的文人将目光转向世俗生活，于是，士人园林再度掀起高潮。园林创作中的主体意识得到进一步强化，也出现建筑化、程式化的倾向，弱化了自然野趣。到了清乾隆时期，中国古典园林艺术达到了集成和定型阶段，同时也出现了滞化现象，缺乏创新活力。随着"西学东渐"，在古典园林中也注入了异质的文化因子，但传统艺术及其结构依然有着顽强的生命力。

明清时期以苏州园林为代表的江南私家园林，其造园艺术达到了自然美、建筑美、绘画美和文学艺术的有机统一，成为融哲学、美学、建筑、雕刻、山水、花木、绘画等艺术于一体的综合艺术殿堂，它以清雅、高逸的文化格调，成为中国古典园林的代表，成为明清时期皇家园林及王侯贵戚园林效法的艺术模板。明清时期的中国园林艺术达到鼎盛。园林由"壶中天地"转向"芥子纳须弥"，空间更加狭小。清代的文人园林建筑化倾向越加明显，但诗画艺术大量融入园林，成为园林艺术的重要组成部分，文人将园林作为"地上文章"来做，城市山林也成了"大隐于朝"、"中隐于市"的理想环境和生活模式，完成了中国园林"宅园合一"的最后一次飞跃。

明末至清，随着造园活动的全面展开，文人、专业造园家与工匠三者的结合，促使园林向系统化、理论化方向发展，一批著名的造园理论家与建筑家、书画艺术家，从不同的方面对中国造园艺术作了理论概括。计成所作的《园冶》，为古代最完整的一部园林学专著，它科学系统地总结并阐述了当时的造园经验，论述了造园与建筑各种理论及其形式，既有理论又具有实践指导意义。文震亨的《长物志》，论述了我国古典园林的艺术特色和风格，是将文学意境、山水画的原理运用于造园艺术设计的典范之作，非常注意室内陈设艺术。清初李渔的《闲情偶寄·一家言》中"居室"、"器玩"两部，对园林审美特点进行了研究，主张构园、造亭要自出手眼，不落窠臼，把《园冶》中的"借景"从理论和实践上加以深化和发展，提出统一规格经常互换、建筑室内环境"贵活变"等思想。书中还对联匾制作以及品石、叠山、借景、框景等造园艺术，提出种种妙构，见解独到，是一部园林理论兼具实践意义的力作。

明代社会经济的发展、城市园林宅第的兴起对明代园林家具的发展产生了积极的促进作用，同时由于明代的文人参与到家具设计中，文人的审美情趣对家具的制作与风格的形成具有一定的影响。在审美与艺术中表现为推崇自我，崇尚自然之美，主张化古为我。文人的艺术观是淡泊明志、平凡淡雅，他们站在自己的立场上，着眼于探讨家具的风格与审美，强调家具的古雅与精丽，崇尚远古的质朴之风，追求大自然自身的朴素无华，因而，明代的园林家具浸润了明代文人们的审美情趣，是社会生活方式的一种体现。

明代的园林家具继承宋代家具的特点，但是又不守旧制，在设计与制作方面，都极大地促进了园林家具的发展，尤其是在家具制作方面，其精湛的技艺，将古代家具推上了一个顶峰。

图 3-16 明代 仇英《乞巧图》局部

我国古代花园一般靠近住屋或接近住宅，形成一个建筑群，厅堂轩馆、亭台楼阁、假山池塘。因此，园林家具的使用上依然存在着根据特定的要求将部分的室内家具搬至庭院中，做暂时性的使用，这一特点在明代依然存在。现藏于台北故宫博物院的《乞巧图》（图3-16），相传为明代仇英的作品，画中描绘了七夕夜间庭院中妇女们燃烛斋供的情景。图中，两名侍女正将一张条案搬至园中，另一名女子手捧托盘，正是为了七夕节乞巧所需，在庭院中布置相应的家具。

园林家具中常见的坐具有圈椅、扶手椅、交椅、坐墩、杌凳等。明代杜大成的《人物草虫图》中，在庭院树下，安放着一张圈椅，圈椅旁摆放着2个圆墩。在杜堇的《仕女图》中，一女子坐在庭院中，其座椅是一张扶手椅。明代交椅仍然保留前代旧式，有靠背的交椅，无靠背的交杌，在明代仍然以其便于携带得到达官贵人的青睐，常置于室外作为临时陈设。达官显贵外出狩猎、游玩时，都携带交椅，作为休息之用。图3-17为明代的宫廷画家商喜的《明宣宗行乐图》，描绘了明宣宗的游乐活动，为我们提供了可靠的依据。

图 3-17 明代 商喜《明宣宗行乐图》局部1

图 3-18 明代 商喜《明宣宗行乐图》局部2

明代的屏风品种与式样进一步发展，布置方面也是灵活多样。屏风可移动，将它移至庭院，组成一个聚会、下棋、宴饮的临时环境，起到空间围合的作用。在宽阔的庭院里，有一个屏风就可以起到集中的作用（图3-18）。在明代仇英的《乞巧图》（图3-19）中，我们可以看到在庭院中，通过屏风的设置，围合形成一个相对独立的聚会交流的空间。

图3-19 明代 仇英《乞巧图》局部

除了便于搬动的木制家具外，明代园林家具中石制的固定家具的品类与制作较之前代愈加地精致。石桌、石案、石凳、花几等，无论是造型还是制作工艺，都更加地精美。明代的园林艺术日趋完美，在室外庭院中多置石案，以衬托清幽雅趣。在文人的园林艺术生活中，石案可作为画案，也可以作为陈设器物之用。其造型既有规整的架几条案式，也有只是表面平整光洁、案身则采用原石自然的形式。在明代唐寅的《琴士图》（图3-20）与陈洪绶的《闲话宫事图》（图3-21）中，分别描绘了这两种石案。

图3-20 明代 唐寅《琴士图》　　图3-21 明代 陈洪绶《闲话宫事图》

　　除了常见的石桌、石案外，还有一些具有特定用途的家具，如棋桌。在明代的绘画作品中，可以见到此类的家具。如仇英的《人物故事图》之《竹院品古》（图3-22）中，描绘了文人雅士在庭院中品鉴名画和青铜器的场景。画中屏风外的竹林空隙处，安放着一张石制的棋桌，桌旁摆放着几个石墩，一小童正在布置棋具。石桌造型方正，桌脚采用石块垒砌形成，在规整中呈现出自然之趣。石制的圆墩线条优美，局部运用图案进行装饰，体现了明代家具制作的技艺。

图3-22　明代 仇英《竹院品古》局部

　　作为室外的坐具，石凳在明代园林中使用广泛。造型较为简洁，除了利用原石的自然形态，因地制宜地设置，形成自然天成的情趣，也有采用木质条凳的外形经过加工而成的造型规整的石条凳。《闲话宫事图》中，石案的两边分别设置了采用天然原石形态的石凳，与石案相呼应，营造出师法自然的韵味。在唐寅的《红叶题诗仕女图》图3-23中，画中假山嶙峋，蕉叶、树枝点缀其中，假山旁，一位仕女正坐在一张石制条凳上，凳上还放置着一张小案几，几上安放着珊瑚笔架等文房用具。仕女将红叶放置在膝上，手持毛笔，在红叶上题诗。条凳造型简洁，采用加工平整的石块构成。石制的花几在明代的园林家具中也是一种常见的家具类型。花几形式较香几更为活泼，高矮形式均有。明代瓶花可置室内或室外，室内多置于几上，在室外园林中，通常置于几或石上。在陈洪绶的《饮酒读骚》（图3-24）中可见。

　　明末清初时期，由于西方传教士的大量来华，西方的科学技术以及文化艺术上的成

图3-23　明代 唐寅《红叶题诗仕女图》

就对中国的家具艺术也产生了一定的影响。清乾隆时期，中国古典园林艺术到了集成和定型阶段，随后"西学东渐"，在中国古典园林家具中也注入了异质的文化因子。清代园林家具继承和发扬了明代园林家具的传统，并在此基础上融入了西洋家具的形式而形成自己特定的风格，它在我国园林家具发展史上同样占有重要的地位。由于传统"天人合一"的思想影响着人的自然观，中华民族对待大自然山水始终保持着亲和的态度，力图从自然山水风景构成的规律中探索人生哲理的体现；同样，在风景式园林的造园实践中，则自觉地追求阴阳之对立统一而回归和谐的辩证关系，如建筑、家具与自然要素之间的关系，筑山与理水的关系等，并通过这些关系来表现一种哲理的境界。在清代的园林家具中，仍然追寻与自然的一种和谐，营造出园林空间中物与境的协调。在《红楼梦》中，曹雪芹对大观园的描绘体现了清代园林家具的配置仍然追寻与园林景观的和谐一致。如在七十六回《凸碧堂品笛感凄清 凹晶馆联诗悲寂寞》中，林黛玉与史湘云在凹晶馆赏月，"只一转弯，就是池沿，沿上一带竹栏相接"，在这样的景色中配置的坐具是相应的竹墩："二人遂在两个湘妃竹墩上坐下，只见天上一轮皓月，池中一轮水月"。

清代家具发展到清乾隆时期，已形成造型凝重、富丽流畅的风格。在园林家具上，尤其是在皇家园林中体现出富丽华贵的特质。以常见的园林坐具石凳为例，在清代的园林中，一方面采用传统的圆墩造型，但是与明

图3-24 明代 陈洪绶《饮酒读骚》局部

图3-25 清代 郎世宁的《平安春信图》

代相比，在制作工艺上更加细致；另一方
面，体现出吸取西洋家具的特点，例如石
凳腿部的造型模仿西方旋制的椅腿，造型
圆润。清代郎世宁的《平安春信图》（图
3-25）中，竹林旁的小石桌的桌腿，造型
圆润，工艺精湛，体现了西方家具的影响。
在《弘历观画图》（图3-26）中，松树下石
制的长凳不再追求天然的情趣，而是体现
出精湛的制作工艺，平整的坐面，造型方
正，体现了雍容华贵的气息。

图 3-26　清代 郎世宁的《弘历观画图》局部

　　在家具装饰纹样上，清代的园林家具也
受到西方文化艺术的影响。明末清初，西
方的建筑、雕刻、绘画等技艺逐渐为中国所用。自雍正至乾嘉时期，模仿西式建
筑的风气大盛，如在北京西苑一带兴建的圆明园，其中就有不少建筑从形式到内
部装修，都采用的是西洋风格。设计制作的家具也是与这些建筑风格相协调的中
西结合式的家具。通常的做法是以中国传统做法制成器物后，再用雕刻、镶嵌等
工艺手法装饰以西式纹样，如形似牡丹的西番莲花纹，线条流畅，变化无穷。清
代的园林家具继承了历代的工艺传统，并有所发展，在装饰手法上，注重多种材
料的应用、多种工艺的结合，体现了清代特有的华丽稳重的气质。

3.3　园林家具的文化特性分析

3.3.1　园林家具的文化性概念

　　人具有社会性，从事一切生产活动都离不开社会，离不开社会中的群体、物
与环境。我们知道，在历史的长河之中，每一个朝代都有属于那个朝代的标签，
如明清家具典雅，现代中式家具恢弘高贵等。这是因为在不同的时期，人们的生
产要求不同，不同的家具代表着不同的情感诉求。如魏晋南北朝的兰亭是文人墨
客、士大夫与隐士等游乐休闲的场所，他们通过亭的布置，抒发一种淡泊名利的

情怀。而现代城市的亭廊只是一种休闲设施。景观家具是时代的产物，是社会文化的体现。园林的规划设计，不是单纯的构图和技巧问题，而必须体现一定的艺术意境的主题，表达某种审美观点。园林艺术要达到一定层次，才能产生超出景物以外所表达的精神境界。脱离文化，园林景观只会是画布上呆板的色彩，无法体现任何精神境界。园林家具的文化性是园林景观文化神韵体现不可或缺的部分。

文化是一种生生不息、不断发展的动态系统，文化的发展具有延续性、传承性和统一性的特点。任何一个国家的文化都有它的过去、现在和将来，并且总是在原有文化的基础上受到各种外来因素的影响，从而对外来因素采取吸收、排斥等反应，而发展成为新的文化。文化是随着社会生产力的发展而发展。园林家具是一种丰富的信息载体与文化形态，作为文化的一个重要构件，同样具有这些特点。

3.3.2　园林家具文化内涵

家具是人们日常生活中不可缺少的因素，也是文化生活中最能从观感上影响感情的因素。园林家具是一种具有丰富文化内涵的用具，所表现的人类文明发展的特征是与生俱来的。从园林家具文化的物质层面来看，作为构成园林景观的不可或缺的要素，园林家具是人们使用园林、感受园林环境带来的心理和审美满足的重要器具，伴随人类物质技术、生产力的发展而发展；园林家具的工艺技术和内部结构反映了科学技术的发展状态；园林家具材料是人类认识自然、利用自然、改造自然的全面系统的历史记录；园林家具品种和数量是人类文明社会不断发展、时代不断进步的标志。园林家具的发展史是人类物质文明发展中一个重要的组成部分。从园林家具文化的社会层面来看，园林家具与建筑大环境和室内小环境一起将等级制度、宗教信仰、人文思想等精神内涵体现在一定社会结构和社会群体之中。从园林家具文化的精神层面来看，园林家具的功能、造型、摆设、色彩、装饰等因素从不同方面体现了人们的审美情趣，园林家具设计中隐含了价值取向、思维方式和审美趣味等深层次的内容，这些内容又以特殊的艺术形式直接或间接通过隐喻或文脉思想反映出来，实现象征功能和对话功能。构成园林家具文化的三方面内容相互渗透又各有特点，其中，物质层最活跃多变，社会层最为权威，精神层最为保守，是园林家具文化成为类型的灵魂。

由此可见，园林家具与文化有着不可割裂的联系，它是一种丰富的信息载体和文化形态，其类型、数量、功能、形式、风格和制作水平，反映了一个国家和地域在某一历史时期的社会生活方式、社会物质文明水平以及历史文化特征，是物质文化、精神文化和艺术文化的综合。园林家具文化概念的形成是人们对园林家具本质理解的升华，是对园林家具由物化向文化的深度方向认识的体现。

3.3.3 园林家具的文化性特征

（1）自然性

中国园林是人工营建之物，作为人工产物的园林家具文化，是世代中国人与大自然不断进行亲密对话的文化方式。它是中国文化构建的物质体现，它所传达的是一种属于中国人所特有的精神信息。中国园林家具的文化性是在人与自然的亲和关系中得以培养、塑造而成的。

中国人一向将大自然认作自己的母亲与故乡，在文化观念中由于自古生命哲学思想根深蒂固，认为人与自然本是同构对应的，天人合一的思想在中国先秦古籍如《易经》和老庄的著述中表现得很突出。《易经》关于天地人"三才"之思与老庄的"道法自然"、"返璞归真"等哲理莫不如此。先秦以后，天人合一的思想一直是中国文化思想的一个主流。汉代的董仲舒称"以类合之，天人一也"。宋代程明道则说"天人本无二，不必言合"。从自然宇宙角度看，天地是一所庇护人生的奇大无比的大房子，《淮南子》云："上下四方曰宇，往古来今为宙"。明代计成的《园冶》将"虽由人作，宛自天开"看做中国园林文化的最高审美理想，道出了中国文化基于天人合一思想的最高审美理想与境界（图3-27）。

图3-27　朴素自然，包含"天人合一"的思想

（2）地域性

园林家具是依附于园林而存在的，因此要能够体现出园林所在地域的特点和文化特色。每个地域都有自己独特的传统和特色文化，是历史积淀和人们创造的结晶。不同的地域风貌、不同的自然资源、不同的气候条件，必然产生社会生产力水平、生活方式、文化形态的差异，并形成不同的园林家具特性（图3-28）。任何园林家具形态都可以暗示使用功能并完全可以作为园林文化的一种载体。我们从旧的园林景观元素中可以得到巨大的满足感，找到随着时间流逝在建成城市环境与园林景观之间形成的连续感。园林要有积淀文化的能力才能有所发展。园林家具在城市园林景观环境中起到传承文化脉络和承载城市景观环境地域特征的作用。地域性的园林家具常见于具有历史性的园林景观中。园林家具设计在某种程度上亦反映了市民对文化的认知水平，以及对传统文化的价值取向和接纳新文化的能力。

图3-28　东南亚风情的园林家具

（3）民族性

园林家具的民族特性反映了不同民族的文化传统和生活习俗。不同的民族由于地域地貌、自然资源、气候条件的迥异，必然产生民族的性格差异，从而在传统文化和生活习俗等方面形成落差，这就形成家具的民族性特征。如：欧洲古典家具为了体现古代勇士的英勇好战和人体的优美，喜好用动物或人体的局部写实造型做装饰，东方人崇尚自然，性格含蓄、内敛，因此常将云彩和花草等自然景观图案化、写意化，作为家具装饰题材；西方家具受砖石建筑的影响，重体量、空间与质感，中国家具受木结构建筑的影响，重线条、色彩与气韵（图3-29）。

图3-29 具有民族特色的园林家具

（4）时代性

不同的历史时期的园林景观家具显现出不同的时代性特征。与整个人类文化的发展过程一样，家具的发展也有其阶段性，即不同历史时期的家具风格显现出家具文化不同的时代特征。古代、中世纪、文艺复兴时期、浪漫时期、现代和后现代均表现出各自不同的风格与个性。

在农业社会，家具表现为手工制作，因而家具的风格主要是古典式，或精雕细琢，或简洁质朴，均留下了明显的手工痕迹。在工业社会，家具的生产方式为工业批量生产，产品的风格则表现为现代式，造型简洁平直，几乎没有特别的装饰，主要追求一种机械美、技术美。

在当代信息社会，家具又转而注重文脉和文化语义，因而家具风格呈现了多元的发展趋势，既要现代化，要反映当代人的生活方式，反映当代的技术、材料和经济特点，又要在家具艺术语言上与地域、民族、传统、历史等方面进行同构与兼容。从共性走向个性，从单一走向多样，家具均表现出强烈的个人色彩，正是当前家具时代性的显著特征（图3-30）。

图3-30 符合时代潮流的园林家具

3.4 本章小结

园林文化中蕴含着不同民族的人文精神，它是传统文化孕育而成的内在于主体的精神成果。本章从文化的角度来分析园林家具，分析了园林家具的文化内涵，并从中国的汉魏晋时期、隋唐时期、宋元时期和明清时期来了解古代中国园林家具的发展历程及其文化内涵；而后，就现代园林家具的自然性、地域性、民族性和时代性的文化特质进行了分析。

第 4 章

园林家具情感化设计

4.1 园林家具设计原则

4.1.1 以人为本的原则

以人为本的原则是园林家具设计所要遵循的第一原则。"天地万物，唯人为贵"。任何的设计品，它的呈现必须符合人的需要，以人的思想观念为领导核心，考虑他们的行为习惯和内心需要，如尺度、比例合不合适等，满足人们所需的娱乐、休闲、观光等功

图4-1　柔软靠背的座椅

能。在城市户外活动中，人是主体。城市中所有设施包括园林家具的服务对象都是人，所以它们的设计研究一定是围绕怎样更好地为人提供服务来进行的。园林家具的设计必然体现对人的关怀，关注人的生理需求和心理需求，发现人在使用中的潜在需求以及存在的问题，并对其原因进行探究分析，进而加以改善，以便游人在使用过程中有更加舒适和美好的体验享受。例如，增加柔软的靠垫和坐垫，可以使用起来更加地舒服（图4-1）。

除了满足普通人的需求之外，也要体现对特殊群体的人文关怀，比如老年人、儿童、残疾人等。针对这些特殊人群的生理特点和心理特点进行设计研究，使他们在户外活动中感受到社会对他们的关爱。努力创造一个平等的社会环境也是一个有责任的设计师所要考虑的。

4.1.2 整体性原则

园林家具的统一性表现在两个方面：园林家具与周围环境的统一，园林家具各部分之间的统一。

园林家具不是一个孤立的物体，它是依附于园林其他要素而存在的。在园林

环境中，我们看到的不单单是园林家具，而是它与园林环境构成的整体的艺术效果。在进行园林家具的设计时，要综合考虑园林家具所处的环境条件，根据不同的地理位置条件、不同的光线、不同的视线角度来进行综合分析，做到园林家具造型、体量与环境和谐统一，材料与环境和谐统一，色彩与环境和谐统一。例如，园林家具应用的材料与铺装一致，线条方向和样式也与铺装相同，很好地融入整个环境当中，不会显得格格不入，反而有一种浑然一体的感觉（图4-2）。

图 4-2　与铺装线条统一的座椅

除了与外界环境达到和谐统一的效果之外，园林家具本身的各个部分之间也要遵循整体性原则。座椅和坐凳各部分的尺寸以及颜色要和谐统一，不能出现椅面过宽，靠背过宽等现象。如果椅面是木材浅黄色，而靠背又是木材深褐色，这样不仅影响游人的使用体验，也显得园林家具整体上不协调。

4.1.3　生态性原则

生态设计源于20世纪人类对现代生产技术发展所引起的环境及生态破坏的反思，从深层次上探索设计与人类可持续发展的关系，力图通过具体的设计规划，使设计与生态科学相互作用，在人、社会、环境之间建立起一种协调发展的有效机制。可持续发展已经成为当今所有行业所要考虑的问题，也是设计界的研究热点。要想做到可持续发展，就要立足科学，最大限度地、最为合理地利用土地、人文和自然资源，并尊重自然、生态、文化、历史等科学的原则，使人与环境彼此建立一种和谐均衡的整体关系。

在园林家具的设计生产中，尽可能地做到节约和循环利用，对不可再生资源尽可能做到节约和回收利用，对可再生资源要尽量低消耗使用。目前，户外设施中大量应用了太阳能设施，在保证设施正常使用的前提下，更加地环保。例如，太阳能摇椅将路灯和摇椅相结合，将太阳能以及摇椅运动过程中产生的动能转化为电能，使路灯正常工作（如图4-3）。还有太阳能躺椅，同样是利用太阳能转化为电能的原理，来为使用者的电子设备进行充电，不仅节能环保，而且更加符合现代人年轻人的生活（如图4-4）。设计师在进行园林家具的设计时要采用可再生以及当地的材料（图4-5），最大限度地发挥材料的利用率，减少能源的浪费，保留地域的文化。此外，设计师可以通过绿色植物如攀援植物炮仗花、紫藤等给户外家具披上一道绿装（图4-6），也可通过耐修剪植物还有多年生花卉等体现生态情怀。需要说明的是，植物最好选用乡土树种。当然，也有一些仿生造型，如仿建筑造型、仿动物与植物等。

图4-3　太阳能摇椅

图4-4　太阳能躺椅

图4-5　福州三坊七巷就地取材的树干坐凳

图4-6　厦门园博园藤本植物缠绕的亭

4.1.4　民俗风情的原则

一方水土养育一方人。不同的民族有不同的审美特色。正是因为民族特色的不同，世界上才有璀璨的文化。园林家具的情感化设计要体现民俗风情，继承他们的美学理念，这样才能形成不同种类、不同风格的作品。如法国的园林家具以明媚的色彩为主要色调，完美而又感性；意大利的园林家具注重米兰风格，摩登而又豪华。此外，这种民俗风格在现代居住区中体现得尤为明显，有日式、欧式、东南亚、法式、中式风格亭廊座椅等园林家具。因为只有体现当地风情，居民才有认同感、归属感，以及产生共鸣。如图4-7是深圳世界之窗内的坐凳，用白、蓝、黄等马赛克进行装饰，具有西方的地域文化特色。

图4-7　深圳世界之窗白、蓝、黄等马赛克装饰

4.1.5　功能性原则

功能是指设施产品所具有的效能、功效，并被接受的能力。它存在于设施自身，每一种设施都必须以独特的功能直接向使用者提供使用便捷、防护安全的服务。由此可知，园林家具提供休息、作为景观元素等功能，是其得以存在的意义。

园林家具作为服务类设施，最基本的功能就是为游人提供休息的空间。如果不具备这个基本功能，无论这个设计多么新颖，色彩多么鲜艳，都不能称为一个完整的园林家具。

在对园林家具进行功能设计时，一定要从使用者的心理和行为习惯考虑，使其功能性最大化，与使用者产生共鸣。在夏季，经常可以看到躺在公园座椅上小睡的人。大多的园林家具只考虑到人"坐"的需要，椅面不够宽，有的没有靠背，基本都采用硬质的材料，人躺在上面肯定非常不舒服，在尺寸和形状上更加没有考虑人"躺"、"卧"的使用要求（如图4-8、图4-9）。这些都是在功能性设计时所要考虑的问题。

图4-8　公园躺椅

图4-9　公园躺椅

4.1.6　安全性原则

园林家具的应用环境是情况复杂多变的户外，使用人群也多种多样，所以，园林家具的设计必须要考虑它的使用安全性。安全性是指在使用园林家具的过程中不会对使用者身体或者心理等产生伤害。

园林家具的使用安全涉及多个方面。在材料上，不能为了降低成本而采用低劣材料或使用落后工艺生产的劣质材料，导致甲醛、挥发性有机化合物、可溶性重金属化合物、放射性元素以及重金属含量超标，对使用者造成伤害。同时，不能偷工减料导致施工或生产质量不达标，造成使用过程中结构或构件损坏对人体造成伤害。从设计造型上也要考虑使用安全，尽量将边缘做成圆角，避免人不小心撞到造成更严重的伤害；形态上也不能出现锐角的形状。

4.1.7　审美性原则

审美是指人们对一切美好对象、事物的感知、欣赏、体验和享受，它是人类以感性形式、感性对象求得即时性生理、心理快感的精神活动。它与科学、哲学、宗教、伦理一样，是人类最基本的精神活动形式。

园林家具是园林环境中重要的景观元素之一，起到美化环境、供人欣赏的功能。它是功能与艺术的综合体，它的审美性通过本身的造型、质地、色彩、肌理向人们展示出来，反映特定的社会、地域、民俗的审美情趣。在设计过程中要注重形式美的规律，并在造型、色彩、比例等方面达到和谐统一，并且富有特色。如图4-10中的树池座椅，椅面不在是一个平面，而是波浪的曲线，这样不仅符合不同身高人的使用需求，也更加富有韵律，产生了美的感觉。图4-11中的花池座椅，不仅在平面构图上体现了曲线的美感，在竖向上也产生了内凹和外凸的变化，给人一种动感的美。

图4-10　富有韵律的公共座椅　　　　图4-11　富有韵律的公共座椅

4.1.8　时代性原则

园林家具还应该体现当代社会的发展特征，反映时代的物质文化和精神文化特征，体现当代社会生活内容和行为模式的需要。

首先，园林家具可以从造型上体现时代性。随着时代的发展，人们的审美情趣也发生了变化，设计师要运用现代的设计方法提炼新时期的文化符号，然后应用到设计之中。其次，科学的创新，新材料的不断发展应用，使园林家具有了新的面貌。新材料的应用赋予了它现代气息。最后，园林家具的施工工艺和施工技术也体现了时代性。

图4-12　灯光座椅　　　　　　　　　图4-13　具有张力的座椅

如图4-12中的座椅利用透光性的材料与灯光相结合，产生了非常强烈的现代时尚感。图4-13中的花池座椅，没有采用常规的圆形，而是设计了有突出的分支。这种造型让树和树枝的形象产生了呼应，有了很强的立体感和整体感。

4.1.9 人文性原则

人文性就是以人为本，尊重人性，充分肯定人的行为及精神，遵从和维护人的基本价值，体现人本关怀的特征。一个蕴含人本关怀的家具设计产品，会给人以温馨、恬静、优雅、和谐和奋发向上的心理感受，与其说人本关怀是民族文化的沉淀，倒不如说是时代对家具设计这一特性的召唤。从使用者的角度出发，充分综合人的生理与心理需求，深层次地挖掘消费者的内心潜在需求，所设计的家具产品应该最大限度地为使用者所用。园林家具作为公共环境中的重要组成部分，随着社会的发展而进步，体现了人类文明的进步，承载了城市的精神和文化。园林家具可以成为一个传达城市精神、城市文化以及其他信息的窗口和载体（如图4-14、图4-15）。

图4-14　传递信息的座椅　　　　　图4-15　传递信息的座椅

4.1.10 公共艺术性原则

园林家具多陈设于露天之下，这就决定了它的公共属性，也就是说，它具有为公共服务的品性。人们可以无偿地享受户外家具用品，而由于人们的生活方式和文化水准不同，导致他们的价值观念、审美观念有所差异，从而产生不同的户外家具艺术特性。户外家具的艺术性汲取了地方流派、风格、习俗的元素，表达了设计师们的一种情感、一种对社会的认知。生活是创意的来源，创意源于艺术。

正如罗曼·罗兰所说："艺术的伟大意义，基本上在于它能显示人的真正感情、内心生活的奥秘和热情的世界"。户外家具的情感化的艺术性体现可以通过造型（图4-16）、篆刻文字(图4-17)、牌匾题词、雕刻不同图案来进行阐释，用象征、比兴、提示与艺术陈设来抒发某种思想；也可以运用景观艺术中的节奏与韵律，重复与变化，障景、框景等。此外，结合光影、倒影等艺术特色来营造景观。

图4-16　具有公共艺术性兼备座椅功能的雕塑　　图4-17　刻有诗文的坐凳

4.1.11　趣味性原则

趣味性是一种生活情趣，是人们斑斓生活调节的润滑剂，也是人们较高层次的一种享受，更是情感化设计永久的活力。趣味性体现在它的造型上，要新颖奇特，耐人寻味；在色彩上要吸引眼球，或对比强烈，或平和舒适。趣味性可以通过仿生来塑造，造型可以是动物，也可以是植物的果实等。如图4-18所示台湾斗六车站旁的桔状的坐凳，在来来往往的人群里，极具眼球吸引力、创意性和生命力，象征着自然的永恒。

图4-18　桔状坐凳活灵活现

4.2　园林家具情感化设计理论

园林是"替精神创造的一种环境，一种第二自然"。中华民族对自然有一个从顶礼膜拜、比德到欣赏、亲和的过程，体现了人不断解放自身、走向文明演进高峰的历程。园林作为一种大空间尺度的综合性文化艺术的载体，本身包含或者联系着众多的艺术文化门类，如绘画、哲学、园艺、工艺美术、室内装饰、文玩陈设等，它们之间有着相通相融的艺术主题和艺术方法，共同营造出丰富和谐而又具有自然韵致的景观体系。民族文化中的人格精神、哲学思想、宇宙观念等原本最具思辨色彩的东西，最后都在园林中通过丰富和谐的艺术方式体现出来，园林成为人们精神寄托和超越性追求的艺术文化载体，其中，园林家具的设计与布局，以物化的形式体现了园林艺术深厚的精神内涵和情感依托。本节从人的情感因素来讨论现代园林家具设计。

4.2.1 情感化设计

4.2.1.1 情感化设计的属性

（1）关于情感的阐释

关于"情"，荀子在《正名》中说"情者，性之质也"。范仲淹在《岳阳楼记》提及"览物之情"。"情"是一种心理状态和反应。景观中的"情"指情怀、情操、情致、情趣、情韵、情景交融。"感"是一种感慨、感触与感受。"情感"是人对客观事物是否符合自己需要的态度和体验及相应的行为反应，具体表现为幸福感、厌恶感与美感等。情感的哲学本质就是人类主体对于客观事物的价值关系的一种主观反映。

（2）情感化设计的属性

景观之美，莫关乎于情。情感亦称"感情"，情感化设计是通过各种形状、色彩、肌理等造型要素，将情感融入设计作品中，在消费者欣赏、使用产品的过程中激发联想，产生共鸣，获得精神上的愉悦和情感上的满足。哲学中有提及物质文明和精神文明，此处的精神文明就是"精神享受"。情感化设计是一种趋势。

4.2.1.2 情感化设计的特点

情感化设计注重人们内心情感需要和精神追求，最终目的是设计出使人愉悦的价值产品。它具有以下五种特征。

（1）普遍性

普遍与特殊相对立，产品的设计服务的是大众群体，也就是普遍流行的、常见的、被大多数人所接受的。

（2）交流性

有交流才能沟通，有沟通才会知道彼此的需求。情感的交流是良性发展的结晶，是传递正能量的必经之路。

（3）多样性

设计中的情感复杂多变，不同的人在不同的情景之中产生不同的情感，如警示、愉悦、忧伤的情绪。

（4）时代性

与时俱进是户外家具情感化设计的必备要点之一。产品只有具有时代特色，才能满足当代人的需求。

（5）象征性

象征性就是通过特定符号把形象特征表示出来。它通过不同文字的组合、图形的转化、色彩的搭配等形式组合成形态、隐喻、意境的相互统一，以激发人们的联想，让斑斓的生活充满无穷的乐趣。

4.2.1.3 人的认知与情感的产生

人生活在社会中，既在不断地改造自然和创造自然，又在改造自然和创造自然的过程中认识自然，认识事物，了解事物以及创造事物。然而，在认知事物的过程中会遇到各种各样的问题，于是内心复杂的情感随之产生，有得失与荣辱，也有喜怒与哀乐。因此可以说，认识事物的过程是情感产生的前提。正如亚当·斯密所说："情感或心理的感受，是各种行为产生的根源"。当然，这也是人类的生存问题。人类在生存之中，自身有各种需求，包括生理需要、活动需要与合群需要等，正是因为个体有如此丰富的需要，被个体感知后作用于个体，通过"情感"与"认知"的作用，才表现出了不同的行为，需要成为了个体的动力之源。

情感以价值为基础。价值观的好坏决定情感的好坏。因此，人们在了解事物的过程中要有积极向上的思想价值观。只有这样，才能更好地创造事物，改造自然，繁衍生息。皮亚杰也说："人类的智能、认知和知识都有赖于我们和情境之间的作用关系；认知、知识和智能的发展是根源于智能体与环境的相互作用、相互调节和适应"。

4.2.1.4 人格特质与园林家具

所谓人的特质，是指人拥有的、影响行为的品质或特性。而人格特质指的是人在不同的时期、不同的情景、不同的地点行为方式却保持一致的一种倾向。它是将人的性格特色赋之于物，这里的"物"指的是"户外家具"。人格特质理论最早起源于20世纪40年代，美国的心理学家奥尔波特著有《人格：心理学的解释》。关于人格特质的研究有许多种说法。笔者认为，心理学家荣格和管理学家东尼·亚历山卓和麦可·欧康诺的理论比较贴切，更符合户外家具情感化的研究。心理学家荣格把人分为直觉型、思考型、情绪型和感觉型。管理学家东尼·亚历山卓和麦可·欧康诺把人格特质分为以下4种：指挥者、社交者、协调者与思考者。这里的"社交者"与"思考者"是人与户外家具在生活中时常面临的问题。与户外家具相关的人格特质词汇主要有：传统、古朴、含蓄、安全、粗犷、小巧、品位、自然、时尚、灵巧、典雅、清新、端庄、简约、高雅、浪漫、柔滑、有个性、有亲和力、棱角分明、刚柔并济。此外，户外家具与人的心理反应也有密切的联系。如户外家具不同的表面机理体现不一样的质感，对人的内心会产生软硬、粗细等感受；有生机性、生长性的设计对人的内心会产生朝气蓬勃的力度的感受；逆反性、好奇性、创新性对人的内心产生新鲜亲和的感受等。

此外，需要指出的是，这里人的特质包括"感性"。我们知道，在设计学科里与感性相关联的说法有"感性美学"、"感性商品学"、"感性工学"等。感性，相对于理性而言，是依照人的第一印象对周围的人和物做出判断的，是一种主观意识，因此，它受人的知识水平、文化水准和经验丰富程度的影响很大。在现实生活中，许多的设计师第一意识里大多凭借着自己的感性理解来从事设计工作，然后结合理性的分析，再感性，再理性，这样周而复始，反复思考，不断推翻，最终确定一个方案，构建一个产品。而品质是人的思想、认知和品性，因此感性品质的好坏直接影响着人们对产品的爱憎程度。"感性工学"是山本健一1986年首次在美国密西根大学的"汽车文化论"演讲中提出的，是通过人和物两者来探讨产品的。只是这里的人的内心具有感性心理与感受心理。由于人的感性分为直接经验和间接经验，也就是受文化和环境的影响，而文化和环境又随时可变，因此感性工学中的"感性"是一个动态的变化过程，随着时代的潮流与个性的发展发生变化，难以量化，难以操控。由此可见，感性品质与感性工学都受人的心理支配，即人的喜怒哀乐，而它们都与人的特质相关。

4.2.2　园林家具情感化设计的构成

马斯洛在《人类动机的理论》一书中提出了著名的人的需求层次理论：生理需要、安全需要、感情需要、尊重的需要与自我实现的需要。其中，感情需要的客体有两种：一种是人，一种是物。这里的物指户外家具。通过人来倾诉情感，通过物来寄托情感。在人寄托情感时有三个层面，即所谓的诺曼情感化设计的三个层面：本能层面、行为层面与反思层面。

4.2.2.1　情感体验与本能水平

本能是自然的，与生俱来的。人与人在社会交往中会产生情感，人在与户外家具的互动中也会产生情感。户外家具本能水平的情感化设计与它的外形体态密切相关，游客通过视觉（图4-19）、触觉、听觉对产品的外观样式进行感知，达到即刻的情感体验效果。这种情感是无意识的直觉，最直接的心理感受，仿佛一泓清泉，有着淡淡的透心凉。如图4-20所示，台湾阿里山公园的草亭（附有座椅靠背），游客第一眼的直觉感受是一种恬静的自然之美，置身其中，仿佛忘记了城市的喧嚣，身心得到了彻底的释放。

图4-19　错落不一的坐凳穿插排列　　图4-20　台湾阿里山草亭美人靠坐凳浓烈原生态之美

4.2.2.2　情感传递与行为水平

行为水平的设计重点在于理解和满足人对户外家具的使用需求，关注在使用过程中的感受。行为水平是感情的一种传递、一种享受、一种释怀，展现的是它的功能性、简洁性与人机性。细节决定一切，而户外家具就是在细微之处表现出对人的真挚关怀。户外家具的功能性注重人使用它的寿命，易用性注重的是简便性，人机性注重人的舒适度等。如图4-21所示的现代式休息木椅，在旖旎春光的户外，既能躺睡，又能坐依，此外，还可以三五成群一起聊天，一起打牌等，可谓功能实用，简洁方便。

4.2.2.3 情感倾诉与反思水平

人的反思，即人的思维。户外家具的反思情感是指户外家具所包含的某些信息，在引起人的联想、反思和共鸣之后，所产生的一种高级的、深层次的心理感受，如温馨与甜蜜、忧愁与哀叹、崇敬与钦佩等，也就是从"户外家具"到"思忖"再到"感受"的一个过程。反思水平的设计与户外家具的意义有关，受到环境、文化、身份、认同等的影响。如图4-22所示似树根形状的坐凳，仿树根的色调材质，亲和力很强。人一接触，就会不由自主地想起人工雕琢痕迹很浓的钢制坐凳或者其他，脑海里很容易涌现保护地球的意念。

又如图4-23所示大小不一的圆状空洞，呈现一种生态之状，使人想起自然水窟窿（图4-24）。

图4-21　Z字形休闲坐凳，体现关怀

图4-22　仿树根状坐凳，发人深省

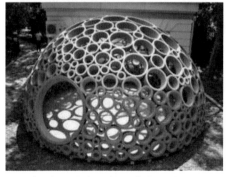

图4-23　圆状空洞

图4-24　福州云顶自然水窟窿

总之，人的本能水平、行为水平与反思水平之间没有谁优谁劣，它们之间是互通的，有着艺术的共性，扮演着"仁者见仁、智者见智"的角色。有时，本能设计之中也能激发联想等。它的评价与设计依赖于人们在特定环境获取的知识、文化习惯以及思维方式。而所有的这些都逃不开空间环境（图 4-25）。

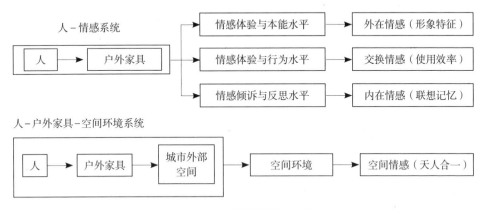

图 4-25 园林家具情感构成

4.2.3 园林家具的审美情感

马克思曾提出："美是人的本质力量对象化的论点"。这里的"对象化"是指户外家具。当人们在进行活动的时候，他们会思考、观察与逗留，去从不同的角度判断，也就是审美。美存在于万物之中，故审美无所不在。情感强调的是主客体之间的一种态度，人类的情感需求是指精神方面的认知心理活动，它是一种对事物的感受能力，是对外界信息与刺激从直觉到判断的过程。而户外家具的审美情感指的是人对户外家具的一种态度，一种情感的体验。当然，这体验之中包括户外家具的文化特色、艺术风格、生态理念与意境情怀等。户外家具以真为美，以善为美，以美为美，从而达到美化社会、美化生活以及美化心灵的目的。值得一提的是，"情感化思想"的提出是因为现代主义设计过分强调产品的机能导向，忽视人的情感需求。它具体包括户外家具的审美态度、审美趣味与审美鉴赏力。

（1）审美态度

态度决定一切。但是态度也受客观因素的影响，如时间与地点、心情与情绪。而审美的态度千万不能感情用事，要不受周围事物的影响，保持一种公正的态度。正如布洛在《文学艺术鉴赏》中所说，"鉴赏者在心理上要超越功利，荡涤与对象的利害牵绊"。然而，保持一定的审美态度，与人们对户外家具的知识了解以及人们本身的艺术修养有着直接的关系。艺术源于生活，但高于生活。户外家具作为艺术呈现的一种方式，一定是艺术家对生活的高度提炼、集中的体现。

（2）审美趣味

户外家具的审美趣味主要表现为个体的审美偏爱、审美标准和审美理想。户外家具吸引了不少游客的审美趣味，它满足了人们的审美愉悦。它的趣味性表现在它将动物的图案、形状等作为小品，给人以乐趣；将历史文化、动物原型真实地再现还原出来，使人们直观地感受它的魅力。范玉吉也说："审美趣味是生命内在的冲动所产生的，任何不能调动你的审美积极性、唤醒你的审美感受技能并从而产生审美愉悦的审美活动，都不能产生美感，也就不能产生审美趣味。"

（3）审美鉴赏力

对于放在公园、广场等地的户外家具，我们除了享用之外，还要懂得鉴赏，也就是判断它们的好坏。而审美鉴赏力是审美知觉力、感受力、想象力、判断力与创造力的综合。它是人们通过真实生活的体验、书本的知识形成的，对户外家具的造型、风格、色彩等客观的认识和评析，具有科学性、经济性与功能性。户外家具的审美要从它的造型、结构、做工、装饰、繁简、材质与纹理等方面来鉴赏。

4.2.4 构建园林家具情感化设计的思维模式

情感化设计的哲学依据以人的存在意义为导向。因此可以说，情感化的最终主体是人，满足人的情感设计，使人的身心愉悦。户外家具情感化设计的核心思想是一切为了人们，为了人们的一切。它的思维模式主要表现在以下三个方面。

（1）注重人的价值取向

生活是一本教科书，值得我们用一生去学习。生命中有许多感人的东西，像清晨的第一缕阳光、黄昏山脊上的一抹落阳、初春时节花枝上的一朵蓓蕾，都会令我们浑浑地感动。设计师应该去体验生活，在生活中寻找创作灵感，在生活中去观察公园、广场、旅游区人们的行为习惯，在生活中发现感情价值、审美价值与精神价值，这样才能了解游客的情感需求，创作出充满人文关怀的户外家具，做到对人的积极的价值观念的引导与疏通。当人们在城市公园或旅游景点看到户外家具时，首先要想到它存在的意义是什么，为什么存在在这里，有什么可取之处等。有人说文学来源于生活，同样，设计也来源于生活。

（2）激发人的情感激励

情感的激发是基于价值取向的，户外家具与人们"相处"的时候，要注重人们的内心世界。它的存在不对人们构成隐患，对人们要有启发与思考，激发人们的欲望，消解人们的内心忧虑等。它是一种心灵桥梁的架设，是力量的象征，是品质的散发。情感的激发更多地表现在文化方面。

①传统文化。文字的产生标志着文明的开始，而文明促进社会的和谐，因此，文化传递着进步的思想观念。需要指出的是，此处的文化强调的是民族文化，它是设计的灵魂所在。对于一个民族来说，要有自己的文化内涵，否则必将被外来文化所融化与取代，最终被淘汰出局。歌德曾说："民族的才是世界的"，因此，设计师在进行户外家具情感化设计时要充分挖掘当地的文化、风土人情与文化遗产等，让户外家具富有文化底蕴。

②中西文化的结合。"经济全球化"与"对外开放"都讲究相互学习。孔子也说"择其善者而从之"。因此，我们要学会沟通与交流，从不同的文化中汲取营养，挖掘它们先进的设计理念，融入到本土的户外家具的设计之中。这样才能跟上时代的潮流，创造符合时代的户外家具产品。此外，通过学习不同国家的文化，我们能从多方面、多角度去思考问题，也能拓宽设计思路，创造更有价值的户外家具，满足人们日益增长的物质文化需要。

（3）关爱人的个性发展

这是内心世界的一种升华，这对户外家具提出了更高的设计要求。它与多元化相对立，强调人的个性情感的开发，有具体性与针对性。这反映了户外家具的气质、性格与智慧。

值得一提的是，极端思想强调偏执与个性。这种设计的产品在视觉上会有强烈的刺激感与冲击力。因而从某种意义上说，极端思想设计的产品就是富有个性的产品。我们通常说，设计要满足不同人群的需要，富有个性的产品是再好不过的了，因为它给人的印象深刻，让人流连忘返。随着科学的不断进步，每时每刻都有大量的信息涌入到人们的视野里，因此人们的要求也越来越高，这个时候，个性强的产品会容易迎合人们的心理。此外，极端主义其实也是一种创新主义。

4.2.5 园林家具情感化设计要素

园林家具的情感是通过各种要素来创造的，比如运用红色色彩来创造温暖的环境氛围，通过各种奇特的造型来表现一种幽默，通过装饰图案来展现文化底蕴等。总之，户外家具通过各种要素来为人们服务，让人们在玩的同时享受到精神上的愉悦，从而寓教于乐，寓情于景。这种心与物的碰撞的实现是人与户外家具的对话，唤起人们内心的情绪，获得心灵上的一种认同感。户外家具情感化设计要素具体包括色彩情感、质感情感、造型情感、装饰情感与空间情感。

（1）色彩情感要素

生活中的色彩无处不在。户外家具的色彩分为天然色彩（自然色彩）和人为色彩。户外家具的色彩直观、拥有强烈的视觉冲击力。尽管对色彩自身而言，它没有情感，可是不同的色彩之间的协调搭配就能形成各色各样的情感和情调，给游览者不同的内心感受。如绿色象征自然，传达一种清净的内心体验；黑色代表沉稳，给人以安全感；红色诠释着喜庆，给人以欢欣雀跃（图4-26）；蓝色象征深邃，给人以深远等。恰如其分的色彩搭配给观赏者带来愉悦的内心感受，相反，不协调的色彩则会带来负面影响。如图4-27所示外轮廓似瓢形的座椅，咖啡色的色彩与背景建筑色调相和谐，在阳光的照射下熠熠生辉，暖人心窝。

图4-26　红色鲜艳夺目的坐凳　　　　图4-27　外轮廓似瓢形的咖啡色座椅

（2）质感情感要素

质感多指某物品的材质、质量带给人的感觉。不同的质感给人以虚实与透明、晶莹与剔透、欣喜与忧伤感受，如木材给人以温暖感（图4-28)，金属给人以凝重感，玻璃给人以晶莹剔透感，砂岩给人以素朴久远感（图4-29）等。户外家具的质感分为两种，一种是触觉感受，与人体有直接的触摸之感，粗细与软硬、冷热与轻盈等都能真实地体验出来；另一种是视觉感受，与人的人生阅历有关，需要长时期的时间积累才能感知。

（3）造型情感要素

户外家具的造型通过它的形态构成，即点、线、面三维空间结合。如线的曲直运动和空间构成能表现出所有的家具造型形态，并表达出情感与美感、气势与力度、个性与风格。而几何曲线给人以理智、明快之感等。形态设计的精髓是从基本的形态出发去塑造出多变的形态。新事物新思维是随着社会的发展而产生的。新颖独特的户外家具总会使人产生不同的内心感受。相反，平庸的户外家具给人以平淡甚至厌恶之感。如图4-30所示钢琴键盘造型的坐凳，造型奇特，可激发路人或驻足者的想象力。在他们潜移默化的游玩之中逐渐发展创造性的思维能力。此外，户外家具的造型也具有一定的风格，形成不同文化底蕴的特色。如欧式户外家具以明媚的色彩设计方案为主要色调，户外家具的洗白处理能使家具呈现出古典美。那里土地肥沃、呈现一种欣欣向荣的景象，靠的就是红、黄、蓝三色的相互配搭。

图4-28　木质桌凳颇具温暖感　　　　图4-29　灰色砂岩花池坐凳素朴

图4-30　路边钢琴造型坐凳新颖，激发人想象力

（4）装饰情感要素

园林家具在环境空间中有不可缺少的构建，如柱子、墙面、坐面等需要加以美化，在视觉上形成完美的户外环境。而加以美化离不开装饰。装饰是指对生活用品或生活环境进行艺术加工的手法。装饰是人类本能欲求的一个方面，是自我精神的一种表现。户外家具的装饰包括功能性装饰，艺术性装饰如雕刻、镶嵌与绘画等文化性装饰。装饰性情感可通过材料、色彩、纹理与图案（图4-31、图4-32）等相互结合而成。在材质表现方面，陶瓷类象征着一种雅致与高贵；玻璃类象征着纯净与透明；木材类象征着温馨与自然；金属类象征着硬朗与冷酷；塑料类象征着柔和与亲切。在色彩方面，绿色象征和谐与自然等。其中，户外的装饰情感在图案中颇为多见。此外，园林家具情感化的装饰性时常也与绿色植物相结合。

图4-31　灯光下的装饰性座椅熠熠生辉　　图4-32　中式纹样的圆鼓凳

（5）空间情感要素

设计就是让空间、色彩、设计回归本位。由此可见，空间对于设计而言多么的重要。空间分为单体空间和组合空间；也有虚实空间、动静空间与开闭空间三个划分。户外家具在单体空间上的表现是一种敞开式空间，传递的是一种旷远与豁达的情感；而组合空间往往是一种私密的独立式的内放空间（图4-33），给人以安全感以及局促感。

园林家具的空间是通过它与尺度的关系来把握的。最好的参照物是人体尺度，因为户外家具是为人所用，其尺度以人体尺度为基准。一般来说，景观中可坐踏步：H（高度）$= 0.20 \sim 0.35m$，W（宽度）$= 0.40 \sim 0.60m$。单人椅：L（长度）$= 0.60m$左右，双人椅：L（长度）$= 1.20m$左右，三人椅：L（长度）$= 1.80m$左右，靠背倾角度以$100° \sim 110°$为宜。室外座椅（具）：H（高度）$= 0.38 \sim 0.40m$，W（宽度）$= 0.40 \sim 0.45m$。亭：H（高度）$= 2.40 \sim 4.00m$，W（宽度）$= 2.40 \sim 4.60m$，立

柱间距 = 4.00m左右。廊：H（高度）= 2.20 ~ 1.50m，W（宽度）= 2.80 ~ 1.50m。棚架：H（高度）= 2.20 ~ 2.50m，W（宽度）= 2.50 ~ 4.00m，L（长度）= 5.00 ~ 10.00m，立柱间距 = 2.40 ~ 2.70m。柱廊：纵列间距 = 3~6m，横列间距 = 6~8m。此外，园林环境与园林家具的关系也是尺度感的因素之一，要从整体上全面认识与分析人与园林家具、园林家具与建筑以及园林家具与环境之间的整体和谐的比例关系。在美学原则的指引下合理布局、精准划分，营造安逸宁静与和谐的氛围。

图4-33 福鼎黑花岗岩坐凳围合边缘空间

4.2.6 园林家具情感化设计的评价

园林家具作为景观的组成元素，主要针对景观的美学价值进行评价，从户外家具与环境的视觉、触觉、听觉、嗅觉等美学角度出发，评价它的质量、气度与美度等情感问题，进而得出它的美学情感等级，如很好、好、一般、差、很差。

4.2.6.1 评价指标建立原则

家具评价指标体系是进行家具产品评价决策的先决条件，只有建立起评价指标体系之后才能对家具设计方案进行评价。园林家具评价指标体系是指由各个评价指标所组成的体系，建立评价指标体系必须遵循一定的原则。一般来说，建立评价指标体系的原则如下：综合评价指标体系的制定必须遵循科学性与实用性、完整性与可操作性、相容性与系统性、定性指标与定量指标结合、静态指标与动态指标相统一的原则。概括起来，包括以下几个方面。

（1）综合性原则。

指标体系应能全面反映评价对象的综合情况，应能从感觉属性、物质属性和经济属性等方面进行评价，充分利用多学科知识、学科间的交叉和综合知识，以保证综合评价的全面性和可信度。

（2）科学性原则。

产品造型质量评价是一项比较复杂的系统工程。为了能够准确地评价产品造型质量，其认定与评价程序、指标、方法和界定标准要具有科学性，要有较高水平的专家参与，评价结果要具有科学性和权威性，必须能够反映出影响评价对象的主要因素。

（3）动态指标和静态指标相结合。

评价指标受市场、用户需求以及家具产品等的制约，对家具产品的要求也将随着工业技术的发展和社会的发展而不断变化。在评价中，既要考虑到现有状态，又要充分考虑到未来的发展。

（4）定量化原则。

家具概念设计评价指标很难量化，但可借助消费者和设计专家对家具产品的各评价项目的态度指数而尽可能量化；另外，为使家具概念设计评价工作适应未来高信息化发展需要，家具概念评价指标体系和方法设计要符合定量化和信息化要求。

（5）可操作性原则。

家具概念设计评价指标应有明确的含义，以一定的现实统计作为基础，因而可以根据数量进行计算分析。同时，指标项目要适量，内容应简洁，在满足有效性的前提下，尽可能使评价简便。同时，所制定的指标在不同的产品之间必须具有可比性。

（6）相容性原则。

家具设计方案评价指标项目众多，应尽可能避免相同或含义相近的变量重复出现，作到简明、概括，并具有代表性。

（7）层次性原则。

家具概念设计评价指标体系为家具设计人员、设计专家提供了设计决策、设计评价的依据。由于使用对象不同，因此，应在不同层次采用不同指标。如针对设计评奖，评奖专家需要知道的是家具设计总体指标对需求的满足程度，显然这一层次的指标应着重于其整体性和综合性；而设计人员需要知道所选的具体方案满足特定要求或功能的程度，这时的指标应更细致、更明确。因此，在不同层次上应有不同的指标。

（8）差异性原则。

不同家具企业，对家具产品定位不同，企业内部层次等情况差异很大。所以，家具产品在设计、制造过程中，所有的产品采用统一的评价指标是不妥当的，但过于细致地划分产品，又会增加评价的难度，故应将功能相近的产品归为一类，适当地制定评价指标。

只有按照以上 8 条原则，针对被评价对象即家具设计方案的具体特点和评价目的，才能建立起正确的产品概念设计方案的评价指标体系。

4.2.6.2 评价指标的构建

根据家具属性和园林环境的特点，并通过头脑风暴法对消费者和设计专家的调研，确定了园林家具的情感化评价指标，包含感觉属性、物质属性、经济属性、环境属性。

（1）感觉属性

感觉属性包括园林家具风格定位、家具造型形态、家具色彩和家具装饰。

①家具风格定位方面，园林家具通常要考虑产品是否体现民族特色、文化内涵；是否与环境相一致；是否与人的审美习惯相一致；是否定位准确一致；是否满足企业制造的需求等。

②家具造型形态方面，应着重考虑家具的概念产品造型是否是根据家具的功能来设计的；家具的线型是否优美、简洁、明快；形态是否新颖、时尚、大方；家具的结构比例是否协调，体量是否适合空间；适型设计是否富有民族文化或地域特色。家具各形态要素是否相互协调、风格一致；家具的整体造型在视觉上是否稳定；造型是否有创意且艺术性强等。

③家具的色彩设计应考虑：家具色彩是否与环境相匹配；色彩设计中是否考虑运用时尚流行色彩；色彩是否能提升家具材料的价值感；色彩是否吸引人眼球等。

④家具装饰方面应考虑：装饰能否与家具功能相一致；装饰是否视觉感强；装饰是否体现家具风格特点；装饰图案是否与环境相协调；是否具有艺术性等。

（2）物质属性

物质属性包含功用特性、材料运用和家具的结构与工艺。

①家具功能方面，应该着重考虑：家具使用是否方便、操作是否简单；安装

是否便利；家具是否舒适，是否符合人体工程学；是否容易清洗；耐脏性能好；是否安全和环保；功能是否与环境相适应等。

②家具材料运用方面，应该着重考虑：家具材料的选择是否注重经久耐用；家具材料是否环保、安全；运用的材料是否已具备成熟的加工工艺；家具原材料的供应量是否充足；材料成本是否适合家具目标定位；材料是否有较强的材质表现力；是否有新材料的应用等。

③家具的结构和工艺方面，应该着重考虑：家具结构是否合理，安装是否方便；结构稳定性如何，是否充分考虑家具结构的安全性；结构设计是否适应材料特性；结构工艺能否体现现代科技的先进性；工艺标准化、通用化、系列化程度如何；工艺是否便于操作，加工自动化程度如何；在高精度工艺结构设计中，是否能体现产品价值等。

（3）经济属性

经济属性主要是价格定位。

家具产品的价格定位应该着重考虑：该产品价格定位是否考虑人工制作成本；产品价格定位是否考虑材料成本、安装成本和运输成本；产品是否具有创意；产品价格定位是否优于竞争对手的价格的定位；产品是否技术含量高，有核心竞争力等。

（4）环境属性

环境属性主要是生态环保特性。

生态环保主要考虑：产品是否会污染环境；产品废弃后是否有回收利用价值；产品制作能量消耗少。

本评价指标包含9个二级指标和49个三级指标，具体如表4-1所示。

表4-1 园林家具情感化设计评价指标一览表

评价属性	二级指标	三级指标
感 觉 属 性 （GS）	风 格 定 位 （F）	F1产品风格要体现民族特色，文化内涵 F2产品风格要适应环境要求 F3产品风格要与审美习惯相一致 F4产品风格定位准确 F5产品风格要符合生产企业制造的可行性

续表

评价属性	二级指标	三级指标
感觉属性（GS）	造型（X）	X1造型要根据园林家具功能来设计 X2线型优美、简洁、明快 X3形态新颖、时尚、大方 X4结构比例协调、体量与环境适应 X5造型设计中富有民族文化或地域特色 X6各形态要素相互协调、风格一致 X7造型有创意、艺术性、稳定性
	色彩（S）	S1色彩要与使用环境相适应 S2运用时尚流行色 S3色彩配合材料的特点，提升材质的价值感 S4色彩吸引使用者眼球
	装饰（Z）	Z1装饰与功能相结合 Z2装饰视觉感强 Z3装饰体现产品的风格特点 Z4装饰图案与环境相协调 Z5装饰要具有艺术性
物质属性（WS）	功能（G）	G1舒适度、符合人体工程学 G2安装便利性 G3环保性、安全性 G4功能与环境相适应 G5容易清洗 G6耐脏性能好
物质属性（WS）	材料运用（C）	C1材料的环保性、安全 C2具备成熟的加工工艺 C3材料成本适合目标定位 C4原材料有充足的供应量 C5材料的选择要注重经久耐用 C6材料要有较强的材质表现力 C7新材料运用
	工艺结构（Y）	Y1结构设计适应材料特性 Y2结构稳定性好，家具的安全性考虑充分 Y3结构工艺体现现代科技的先进性 Y4工艺标准化、通用化、系列化程度高 Y5工艺简便、加工自动化程度高 Y6结构合理，安装方便 Y7高精度工艺结构设计体现家具价值

续表

评价属性	二级指标	三级指标
经济属性(JS)	价格定位(J)	J1技术含量、不容易被仿制 J2产品制作人工成本 J3材料成本、安装成本、运输成本 J4产品设计水平的高低，是否具有创意 J5竞争对手的价格定位
环境属性(ST)	生态环保(H)	H1产品无污染环境 H2产品废弃后易回收利用 H3产品制作消耗能源少

表4-1园林家具情感化评价指标体系可以用来进行园林家具开发设计以及设计方案的评价以及产品的评价。应用时，可以人为适当地有所侧重，也可以根据实际情况适当地改进。

（5）园林家具情感意向性评价与分析

①问卷设计

根据表4-1设计"园林家具情感意向"评价问卷（附录1）。问卷由三个部分组成，第一部分主要是基本信息，主要从年龄、性别、职业以及文化程度四个方面考虑；第二部分主要是以情感化设计的评价9个二级指标为标题，题目内容为相应的三级指标内容；第三部分主要是针对不足提出改进意见或建议。

②问卷的实施

本问卷主要目的是想了解园林设计专业对待园林家具情感化设计的思考。以福建农林大学园林学院的园林专业、风景园林专业的本科生和研究生为调查对象，本科有四个班、共112人，硕士两个班、共68人。共发放问卷180份，回收有效问卷168份，回收率为94.33%。其中，男生118个，占65.56%；女生62个，占34.44%。

对于问卷项目的错选、漏选以及态度不认真的内容严格按作废处理。

③问卷的统计与分析

对于园林家具的类型，以选择"木质"的居多，有120人选择，占71.44%；"玻璃"的选项有15人选择，占8.93%；"塑料"的选项有20人选择，占11.90%；"铝合金"的选项有8人选择，占4.76%；其他的选项有5人选择，占1.98%。因此，在园林家具开发设计时多考虑用木质材料，特别是新材料如木塑复合材料有木材的质感，而且防腐性能好、容易清洗，要多加以推广应用。

对于园林家具风格，有80人选择"中式"的园林家具，占47.61%；"欧式"的选项有68个人选择，占40.48%；"东南亚"的选项有18人选择，占10.71%。中式风格和欧式风格的家具是当前的主流风格，在园林规划设计时注意合理的应用。

对于园林家具色彩，有98人选择颜色是"绿色"的选项，占58.19%；"白色"的选项有24人选择，占14.29%；"黑色"的选项有6人选择，占4.57%；"黄色"的选项有7人选择，占4.17%；其他的选项有33人选择，占19.64%。"绿色"是比较环保的颜色，和园林环境比较搭配，但现实环境中，绿色的园林家具比较少见。因此，在开发设计园林家具时可多生产绿色的园林家具，在园林家具布置上也要注意不同颜色的搭配，以适应不同使用人群的要求。

对于家具布置方面，满意度表现一般。"很满意"的选项有56人选择，占34.33%；"满意"的选项有26人选择，占15.48%；"比较满意"的选项有40人选择，占24.81%；"不太满意"的选项有26人选择，占15.48%；"不满意"的选项有21人选择，占11.50%。从调研数据看，对于园林家具布置方面，也确实难使所有人都满意，但设计师在规划设计中，要尽量多思考，做到使更多的使用者满意。

对于园林家具的情感化造型元素倾向性方面，"造型"的选项有27人选择，占16.07%；"色彩"的选项有38人选择，占21.62%；"功能"的选项有31人选择，占18.45%；"质感"的选项有14人选择，占8.33%；"空间环境"的选项有58人选择，占34.52%。

对于改善建议方面，"与周围环境和谐"的选项有73人选择，占44.45%；"功能齐全些"的选项有32人选择，占19.05%；"造型奇特些"的选项有24人选择，占14.29%；"色彩丰富些"的选项有19人选择，占11.31%；"陈列数量合理些"的选项有20人，占11.90%。

以上的各情感化评价指标各有侧重，"与周围环境和谐"和注意"空间环境"的比例是相对多数。因此，开发设计时要全方位的考虑才能创造更好的环境。

对于发表个人意见和建议方面，有提及园林家具色彩、数量以及布置时视野的开阔程度，此外还有安全感及舒适感等。

4.2.7 园林家具情感化设计应用分析

4.2.7.1 台湾地区园林家具的情感化设计

台湾旅游资源丰富，台北（介寿公园、京华城、花博会、台中公园、鹿港古街、龙山寺、冬山河亲山公园等），驳二艺术特区，阿里山、龙腾断桥、七星潭、旗津岛、太鲁阁等地的现场踏勘调查与收集资料，对户外家具情感化作出系统的评价。

台湾地区广场、公园、旅游景区、庙宇、城市街头等的户外家具从色彩、造型、材质、风格、空间环境方面基本体现当地的特色，这是它的一大亮点。

台湾传统服饰的色彩注重红、黄、黑三种颜色。户外家具上也借鉴了红、黄、黑色彩元素。如图4-34所示冬山河亲山公园以黑黄为主的亭，围绕着广场一圈，亭下配有坐凳设施，供人们休息。

七星潭直线型坐凳简约自然（图4-35），与环境相和谐，并利用简洁利落的线条融入西方简约理念，时尚且富有个性，交织出的户外家具别出心裁，给人以启迪。如图4-36所示基隆港的坐凳，直线与折线相结合，占地面积虽少，但满足人流休息比一般的坐凳多。此外，也有弧形座椅（图4-37），具有曲线美以及流动美。

图4-34　冬山河亲山公园附有坐凳的亭

图4-35　七星潭直线型线条坐凳造型简洁，干净利落

图4-36　基隆港的线型坐凳

图4-37　旗津岛弧形靠背座椅

　　台湾地区的园林家具注重"以人为本"的设计原则。如图4-38所示鹿港古街的坐凳靠墙而设，合理实用，此外，上有顶棚遮盖，夏天可以遮光，雨天也可以避雨。

　　台湾园林家具设计很好地应用了"趣味性"与"生态唯美"的设计原则。"趣味性"展现的是一种风趣诙谐，是人情感化抒发最有趣的表达方式。如图4-39所示花博会内部的圆柱形体，里面设有坐凳。人坐在里面，隐蔽效果好，又有趣生动。"生态唯美"追求的是一种绿色文化意识与理念。它是一种从高空俯视地面的特殊视角的观念，是更高层次的一种姿态。如图4-40所示斗六地铁中水果状的坐凳，以植物果实为形体，体现趣味与生态环保特性。如图4-41火车纪念馆的弧形坐凳，不失为艺术性和趣味性结合的好案例，让人回味无穷。

　　总之，台湾的户外家具简约大方，造型新颖，时尚潮流，继承了西方流畅的线条的精华，且乡土文化浓郁，关注人的行为习惯。

图4-38　鹿港古街波浪形连带坐凳的花架

图4-39　花博会圆柱形坐凳

图4-40　斗六地铁果状坐凳

图4-41　火车纪念馆弧形坐凳

4.2.7.2　深圳地区园林家具情感化设计

　　深圳旅游资源丰富，拥有世界之窗、红树林、园博园、欢乐谷、海上世界、笔架山公园、华侨城生态广场、莲花山公园、中心公园、深圳湾公园、深圳平安保险培训基地、深圳碧桂园亚婆角、深圳佳兆业·悦峰、深圳水榭花都和中国民俗文化村等旅游胜地。

深圳地区城市广场、公园、旅游景区、城市街头等的园林家具色彩、造型、材质、风格、空间环境方面基本上体现现代的思想理念。

设计反映着现代人的生活理念，简洁大气，以直线（图4-42）和弧线（图4-43）居多，能够在小范围内创造无尽的空间。家具与周围的环境欢悦契合，给人以温暖和无穷的想象力。从色彩上看，灰白色居多。灰色寓意不定，白色寓意端庄，纯洁，基本能反映深圳人们在经济上的腾飞，骨子里却渗透着中国传统的端庄与纯朴、低调与勤奋。

图4-42　园博园直线型坐凳　　　　　　　图4-43　海上世界弧形坐凳

设计也很好地结合了"以人为本"的原则。以人为本的设计思想，在深圳地区体现得尤为明显。笔者在调查中发现，无论是公园还是广场，或是其他等地，坐凳等休闲设施尤为多，而且考虑得相当完美。如在红树林树荫下（图4-44）、休闲草坪的周边、海边步道、公园路边（图4-45），都或多或少设有坐凳，而且植物的围合也恰到好处。如图4-46所示，顺着地形的儿童滑梯，周边有弧形的座椅，让孩子们在玩的时候家长能陪同，顺便休息，简单便捷。又如图4-47所示，笔架山环形靠背坐凳，舒适安稳，此外，起到隔离空间的作用。

图4-44　红树林草坪一隅坐凳视野开阔　　　图4-45　园博园路边石块坐凳与植物完美结合

图 4-46　园博园儿童滑梯边的弧形坐凳　　图 4-47　笔架山环形靠背坐凳舒适，隔离空间

　　深圳地区的中国民俗文化村，汇集了中华少数民族各个地区的艺术。这里的家具体现民族文化思想。此外，值得称道的是世界之窗展现了世界各国的文化，我们也能一睹世界的风采（图4-48）。如图4-49所示，世界之窗一角隅，大猩猩靠在座椅上，怡然自乐。它的身后是一群动物在宽阔的草坪上嬉戏与打闹，动感十足。

图 4-48　世界之窗一角隅，民族特色坐凳　　图 4-49　世界之窗一角隅，坐凳大猩猩表情怡然

　　深圳地区的园林家具也非常重视趣味性设计。如图4-50所示，坐凳的两端有两只可爱的兔子，展现的是一种欢乐的气氛，亲和力很强，也体现了生态原则。此外，园博园内儿童活动区的迷宫，以同心圆进行环绕设计，面积虽小，但儿童走出来却要绕很久，而且在此处，他们可以攀爬、游戏与打闹，既能游乐，也开发了他们的智力与潜力（图4-51）。

图 4-50　园博园一角隅两端有两个兔子的坐凳　　图 4-51　儿童迷宫可攀爬、可游玩，充满趣味性

总之，深圳地区文化以"鉴赏与品位"著称，以人为本的思想体现得很到位，考虑了老人、青年人、儿童等的内心感受，在艺术感、趣味性、生态美方面很是注重，但民族风情的元素融入很少，这一点可能与它的历史文化有关。

4.2.7.3 厦门地区园林家具情感化设计

厦门市有着"海上花园"的美称，有鼓浪屿、厦门园博苑、万石植物园、金榜公园、南湖公园、五缘湾湿地公园、海湾公园、中山公园、莲花山公园、白鹭洲公园、仙岳公园、鸿山公园、嘉庚公园、胡里山炮台、南普陀寺、虎溪岩寺、环岛路等地。笔者进行了现场踏勘调查与资料收集，对园林家具情感化设计作些分析。

从色彩上看，厦门主要以白、黄、黑为主，体现白鹭、沙滩、卵石，但是体现在户外家具上比较少，厦门地区户外家具色彩主要以灰色调为主。如图4-52所示，思明区健康步道的户外石桌，图4-53的L形石凳，肌理感强，朴素自然。

设计能巧妙地融入周围的环境，富有深邃的意境美。如图4-54所示，嘉庚公园附有坐凳的花架以及图4-55的海湾公园水面上附有木材的树阵树池，弧形的造型与附近海滩的波浪完美结合。

图4-52 健康步道休闲石桌　　　　图4-53 环岛路书法广场L形坐凳

图4-54 嘉庚公园附有坐凳的花架　　图4-55 海湾公园水面上附有木材的树阵树池

　　厦门地区的园林家具设计非常关注人文文化。如图4-56所示，南湖公园象棋广场棋盘形坐凳，坐凳上刻有"兵"、"炮"等字样。后面墙上刻有中国古代八大残局破解棋局，如"火烧连营局"、"七星聚会局"等。每当周末的时候，这里的人气特别旺盛。因此，人们在此处玩的时候，还可以了解"楚河汉界"，象棋的文化，乐趣融融！如图4-57所示，园博苑青岛园酒瓶状的造型，生态自然，趣味性浓厚，反映了青岛的啤酒文化。

　　总之，厦门公园在整体上都遵循了上述六大原则，但都在不同的公园有所侧重。当然，大部分的公园还是强调功能性，在趣味意浓、生态唯美、天人合一的原则方面都很缺乏，如仙岳公园、金榜公园、五缘湾湿地公园等地。

图4-56　南湖公园象棋广场棋盘形坐凳　　图4-57　园博苑青岛园酒瓶状坐凳充满情趣与生态

4.3　本章小结

　　情感体验是人们认知能力与行为能力之间的纽带与中枢，好的情感给人以美的心境。"设计"与"情感"是一个永恒的话题，文化是深层次的情感表达，设计传递着不同的文化基因和情感信息，在服装设计、家具设计、工业设计、商品设计等领域无不例外。本章探讨园林家具的情感化设计原则以及如何进行园林家具设计的情感化设计，并对部分地区的园林家具进行情感化设计评价分析。

　　在不同的地区，户外家具的造型、色彩、风格等都不一样。不管是台湾、深圳，还是厦门等地区，"以人为本"的思想都很被注重。特别是深圳的园林家具更注重情感化，它的造型、色彩、风格都很前卫，而且能够巧妙地运用周围的环境来营造景观，缺失的是没能提取当地文化的元素融入到园林家具的设计之中。而其他地区的生态性、趣味性等方面都不是很注重。台湾地区的地域性文化思想特别浓郁，台湾的园林家具注重当地的文化，能够保留原址，将新的理念融入到园林家具之中。总之，这几个地区的园林家具的情感化设计都注重功能性，体现地域性，但缺乏趣味性。

第 **5** 章

公园家具创新设计与实践

5.1 公园家具的发展趋势

5.1.1 多元化和专业化

不同阶段、不同年龄的人在不同的场合对公园的座椅有着不同的要求。科技的发展也为公园家具设施由单一走向多样提供了生产制造的条件。同时，新的公园家具的研发设计也带动了与之配套的其他公共设施的发展。例如，国外将坐凳和灯具结合起来的街道家具设计（图5-1、图5-2），既满足了功能要求，又成为了一道景观。

公园家具设计已从传统意义上的木质座椅、石板座椅等单一的形式向多品种、多功能、更加专业化的方向发展，同时给予公园家具新的定义和理念。

图5-1 景观街道家具   图5-2 景观街道家具

5.1.2 人性化设计

以人为本是工业设计的出发点，人性化设计主要体现在以下三个方面：

①满足人们的使用需求以及保证使用过程中使用者的安全。户外环境复杂多变，公园家具的设计要保证使用过程中使用者的人身安全。特别是老人和孩子，他们都是弱势群体，公园家具的设计应该体现对他们的关爱。

②功能明确、方便。公园座椅的首要功能也是最重要的功能便是供人休息，公园家具并不会配备说明书，所以公园家具的功能设计一定要一目了然。对于它的主要功能和附属功能一看即知道怎么使用，主要也是方便一些老人和儿童使用。

③保护自然生态和实现社会的可持续发展。主要体现在使用材料的环保性上，大力发展和推广环保材料既可以实现公园家具的创新，也可以传达环保的理念。

从使用者的要求出发，提供舒适有效的服务，美观与功能的统一，将是今后公园家具的设计发展方向之一。

5.1.3 家具构件标准化与模块化设计

工业化是工业设计产生和存在的条件，现代化的公共环境设施设计的工业构件的标准化与模块化趋势主要从下面三个方面加以考虑。

（1）从降低成本上考虑

经济的快速发展，城市规模的不断扩大，城市公园的不断设计开发，使得公园家具的需求量不断增大。公园家具工业生产构件的互换化、多元组合拆卸、装配为大批量生产提供了捷径，大大地降低了产品设计的成本，同时减少了包装和运输费用。在以后的维护中，公园家具哪一部分损坏可仅仅更换损坏的部分，减少了维护费用。即便不是专业的维修人员，仅仅是公园管理者便可维修更换，减少了损坏的公园家具给公园景观和形象带的不良影响（如图5-3），也减少了给公园游人带来的不便，使公园家具的维护变得快速简单。

图5-3 损坏的坐凳（拍摄：肖飞）

（2）从生态环保上考虑

随着资源的不断减少，新型材料的开发，促使了新的公园家具材料的产生，使得公园家具不仅仅是木质或者石质这两种单一的材质，例如：人造木、维卡木、压缩竹制木等。新型的可回收利用的环保生态材料丰富了公园家具的多样化发展。科学技术的运用使工厂生产出高精度的标准化配件，现场组合安装，提高了生产效率的同时，又避免了有些公园家具的不可回收或者固定不可移动等缺点，有利于对环境的保护和可持续发展。

（3）从时代性考虑

公园是一个城市的窗口，体现了这个城市的环境状况和文明程度。公园家具是诸多城市文化载体之一，它的艺术特征体现了当地的审美水平，同时，公园家具应用的技术的层次也体现了一个国家和地区现代化的发展水平。因此，促使公园家具不断地融入时代的符号，不仅突出了一个公园的精神和文化气息，也能体现一种时代的文化风貌。

5.1.4 艺术化和景观化

现代公园家具的设计不单单是孤立的单一化的产品设计，它已越来越融入到环境的整体设计之中，越来越重视单一产品设计后的规划与组合，每一产品设计也不仅限于一种形态与色彩，而是形成一个系列。比如同一材质的公园家具设计，色彩更加丰富，造型更加多样，成为局部环境的点睛之笔，突出了公园家具的景观性。如厦门市湖里公园内的一组公园家具，采用了金属和木材的结合，将金属漆成鲜艳的红色，引人瞩目，让人精神振奋；间隔设置的木条，使整组家具更加丰富，使用也更加舒适（如图5-4）。

图5-4 厦门湖里公园内的公园家具（拍摄：肖飞）

现代公园家具应该不仅仅是提供休息功能的公园设施，也是体现城市文化和民族特色的元素。公园家具在满足基本功能的同时，增加其艺术性和景观作用会提供更多表达公园设计思想的途径。

5.2 影响公园家具设计的主要因素

5.2.1 政府决策者对公园家具设计的影响

公园基本上都是政府出资规划建设的，公园的规划也属于城市绿地规划的内容。政府决策者对城市公园建设的重视与否将直接影响公园以及公园家具的发展。从另一方面来讲，政府决策者对城市公园建设给予关注，公园的良好发展必将吸引更多这方面的人才，从而形成良性循环。同时，公园家具也会得到一个良好的发展环境。

5.2.2 设计师对公园家具设计的影响

公园的设计师往往在公园自然景观和建筑上投入了更多的热情和关注，而诸如垃圾桶、路灯以及公园家具这些服务性设施，一般不会进行单独的设计创作，或者依现有的设计稍加改动，或者直接到工厂采购。所以，很多公园的公园家具没有与公园的设计相契合，没有体现出公园家具在景观上的作用。设计师对公园家具设计的不重视阻碍了公园家具的发展。

5.2.3 人们观念的转变对公园家具设计的影响

随着时代的发展和文化的进步，人们的生活观念也发生了明显的变化。首先，是人们对于休闲娱乐观念的转变。过去，人们更加注重室内的休闲娱乐，如打台球、看电视、唱卡拉OK等；现在，人们青睐健康的户外休闲娱乐活动，越来越多的人选择走出去，体验大自然带来的愉悦感受。所以，公园的设计建设越来越受到城市管理者的重视，公园家具作为公园的服务设施，也应该随着公园的发展而发展。其次，是人们审美水平的提高。过去的设计已经不能满足人民日益提高的审美需求，设计的更新换代越来越快，这就要求设计师要有更加独特的设计才能吸引人们的视线。公园家具作为公园中的重要元素，应该扮演服务设施和景观设施的双重角色。公园家具的设计无论在颜色、造型还是在材料等方面都应该进行创新，给使用者全新的感觉。

5.2.4 公园类型对公园家具设计的影响

公园是城市公共绿地的一种类型，是由政府或公共团体建设经营，供公众游憩、观赏、娱乐等的园林，具有改善城市生态环境、防火、避难等作用。

公园类型对于公园家具设计的影响在于不同类型的公园的性质不同，使用人群不同，游人在公园中的行为活动不同，从而对公园家具的各个方面有着不同的要求。根据各国的不同国情，各个国家关于公园的分类标准也有所不同。我国的公园分类也有不同的方法。按隶属关系分为县属公园、区属公园、市属公园、省属公园、国家公园等；按所处位置分为近邻公园、市内公园、郊外公园、海上公园、空中公园、水下公园、火山公园等；按公园的性质可分为文化休息公园、儿童公园、动物园、植物园、体育公园、陵园、古典园林、遗址公园等。而不同的公园类型，其公园家具设计存在差别，设计时要加以区别（图5-5、图5-6）。

图 5-5　色彩艳丽的儿童公园座椅　　　图 5-6　主题公园的海豹座椅

5.2.5 公园主要使用人群对公园家具设计的影响

不同的使用人群有着不同的行为和心理特征，对公园家具的需求也不相同，从而对公园家具的设计产生影响。

大多数中老年人在公园进行的多为集体活动，或三两个人一起聊天，或三五成群进行健身活动，或者几个人围在一起打纸牌娱乐。所以，针对老年人在公园内的活动特点，应该在较为宽阔、适合进行集体活动的地点设置公园座椅，并且成组设置，便于交流和互动。座椅的高度不宜太高，过高老年人活动不方便；尽量设置靠背和扶手，不仅安全，也更加舒适。材料方面尽量使用木质材料作为椅面，因为木质材料更加柔和，夏季不会太烫，冬天也不会太凉。总之，针对老年人的公园家具设计应该多从其身体特点和心理需求入手。

年轻人多为情侣到公园短时间游玩，或者是好朋友、同事、同学集体出游。这类人群对公园家具的造型和尺寸要求并不是太高。他们大多希望随时随地能有座椅进行休息，并且对活动空间的私密性要求比较高，希望有相对独立和安静的交流空间。

少年儿童主要是由家长陪同到公园游玩。他们的精力充沛，总是不停地跑跑跳跳。目前，除了专类儿童公园之外，很少有专门为儿童设置的公园家具。儿童的公园家具主要注意尺寸、造型和颜色三个方面。首先，要符合儿童的身体特点，不能有安全隐患。其次，造型应该活泼、多样，能激起儿童的兴趣。最后，公园家具的颜色应该丰富多彩，有利于儿童的身心发展。

5.3 公园家具调研与分析

5.3.1 公园家具调研方法

本调研采用如下方法：

①实地统计法：对所调研的所有公园家具的数量、类型、材质、颜色以及所处环境进行记录统计。

②问卷调查法：对公园中的游人随机进行问卷调查，调查公园游人在使用公园家具中的心理以及需求，并且记录受调查者的基本情况。

③对比法：随机采访游人对两种不同公园家具使用的感受。

④拍照记录法：对调查的公园家具进行拍照记录，多个角度进行拍摄。

⑤观察法：对公园家具的使用者的表情和行为进行观察并记录。

5.3.2 公园家具调研分析

5.3.2.1 游人来源与年龄结构分析

在对北京市和厦门市多个公园的游人进行了观察后，选取了厦门中山公园、厦门海湾公园以及厦门五缘湾湿地公园三个不同类型并且具有代表性的公园进行了调查统计，对公园中偶遇的游人进行问卷调查，并将结果进行统计分析。

（1）厦门中山公园游人来源与年龄结构分析

通过调查发现，在工作日，公园附近居民占了游人总数的90%，市区居民占了游人总数的9%，外地参观的游人仅仅占1%（图5-7）。为了保证调查数据的可信度，工作日的调查数据为周二和周四两天调查数据的平均数据。不同工作日调查数据略有不同，但总体水平基本一致，所以具有较高的可信度。调查的结果与中山公园的地理位置和功能定位有关。中山公园位于厦门岛中心部位，并且距离岛上著名的旅游景点较远，在行程较紧的情况下，一般游人不会选择到此参观游玩。中山公园定位就是城市综合公园，为厦门市民提供户外休闲娱乐的环境，没有作为一个旅游的景点进行重点的开发宣传。

在周末以及节假日的时间里，市区的游人比例提高到20%，附近居民的比例降低到79%，外地游客的比例为1%，甚至比1%更低（图5-8）。中山公园周末的调查数据为周六和周日两天的调查数据的平均值。周六和周日的数据相比较，周六全市范围内的游人数量和所占比例都要比周日的高，很大程度是因为人们选择周六进行运动量大的活动，在周日进行休息，更好地迎接新一周紧张忙碌的工作。而从游人数量上来说，外地游客和附近居民的数量都基本没有太大变化，只是由于市区居民数量激增导致所占比例上涨。

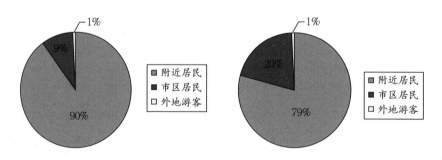

图5-7 工作日中山公园游人来源构成比例　　图5-8 周末中山公园游人来源构成比例

从公园游人年龄构成上来看，老年人占了绝大比例。在工作日，老年人占了80%，青年人占了7%，少年儿童占了13%（图5-9）。我国人口老龄化的情况非常突出，家里的年轻人外出工作，老年人都会选择到公园进行锻炼娱乐来排解寂寞。老年人活动不方便，基本上都会采用就近原则，选择周围公园进行活动。许多在公园活动的老年人都有自己固定的活动内容，例如跳舞、下象棋、打纸牌、做保健操等。丰富的活动内容也吸引了越来越多的中老年人选择走出家门到公园。在周末以及节假日，中老年人比例下降到了60%，青年人比例上升到20%，少年儿童也上升到了20%（图5-10）。从游人数量上来看，中老年人的数量在周末和节假日没有变化，而其他两部分人群数量的增加导致中老年人所占比例有所下降，主要是因为中山公园除了公园所具备的运动休闲功能外，还设置有儿童游乐设施、动物园以及参观功能画展馆。许多家长会在周末选择带孩子来进行活动。去公园游玩，在孩子得到快乐的同时，家长也得到了放松。当然，还有一部分是没有孩子的上班族，选择到公园进行休闲放松，来释放在办公室这种封闭空间长时间工作的压抑。

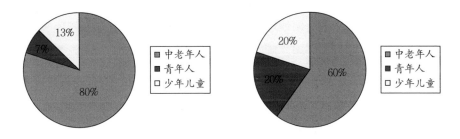

图5-9　中山公园工作日游人年龄构成比例　　　　图5-10　中山公园周末游人年龄构成比例

从上面的调查结果可以发现，中山公园游人中以中老年人为主，基本都为附近居民，在公园停留的时间较长。所以，中山公园家具的设计应满足中老年生理和心理需求，并且便于他们进行娱乐、交流。

（2）厦门海湾公园游人来源与年龄结构分析

海湾公园在游人来源的构成比例上差别较大。在工作日，附近居民占了总数的50%，市区居民占了大约35%，外地游客占了约15%（图5-11）。在节假日和周末，数据发生了明显的变化。附近居民的比例降低到了30%，外地游客所占比例增长了一倍，上升到了30%，市区居民的比例也略有上升，达到了40%（图5-12）。这主要是由海湾公园的地理位置造成的。海湾公园三面环水，其中两面是海，一面是湖，有优美的自然环境。海湾公园也与厦门市的白鹭洲公园以及狐尾山公园相连，距离去往鼓浪屿的轮渡码头较近，不管是厦门市的居民，还是到厦门旅游的游客，海湾公园都是不错的选择。所以，市区居民和外地游客的比例较中山公园来说，有明显的提高。海湾公园的居住区距离较远，另外几个方向的居住区由湖和海沟相隔，并且有白鹭洲公园、南湖公园、狐尾山公园三个公园的分流作用，所以附近居民所占的比例比中山公园要小很多。

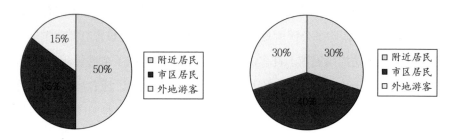

图5-11　工作日海湾公园游人来源构成比例　　图5-12　节假日海湾公园游人来源构成比例

　　由于上面提到的海湾公园地理位置的原因，中老年人不会选择较远的海湾公园，而是选择较近的其他公园，所以中老年人所占的比例没有像中山公园一样占绝大多数，只有大约50%，青年人约为20%，少年儿童约为30%（图5-13）。在节假日调查数据的变化是巨大的，少年儿童占了将近一半，青年人也增加到30%，老年人下降到20%（图5-14）。一方面是海湾公园优越的地理位置，不仅有绿树红花，还有优美的大海风光；另一方面是公园内大量的游乐设施，不仅有能吸引年轻人的旋转飞车，还有吸引小孩子的旋转木马和一些益智的拼图游戏等。所以，海湾公园成为了家长进行亲子活动的最佳选择，节假日的海湾公园简直成了孩子的海洋，到处都是小朋友的身影。

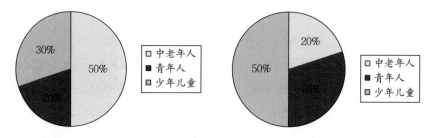

图5-13　海湾公园工作日游人年龄构成比例　　图5-14　海湾公园节假日游人年龄构成比例

（3）五缘湾湿地公园游人来源与年龄结构分析

　　在工作日期间，五缘湾湿地公园中附近居民占游人总数的40%，市区游人占50%，外地游客占约10%（图5-15）。节假日（国庆节长假）期间，市区游人大幅增长，达到65%，附近居民占30%，外地游客占5%（如图5-16）。五缘湾湿地公园是厦门面积最大的公园，公园内自然景观优美，亭、台、楼、阁也别具特色。

五缘湾湿地公园与观音山海边度假区，以及厦门大学、南普陀寺等厦门知名的旅游景点连成一条环岛弧线，是市区居民自驾游的好去处。所以，在节假日作为环岛旅游线上的一个重要景点，市区游人和外地游客大幅度增加。

工作日期间，青年人占了游人总量的60%，他们多为摄影爱好者以及拍摄婚纱照的新人。中老年人占30%，他们主要是附近的居民，在公园进行户外锻炼。少年儿童占了10%（图5-17）。在节假日（国庆节长假），青年人所占比例基本没有变化，约为60%，少年儿童上升为30%，中老年人为10%（图5-18）。

图5-15　工作日五缘湾湿地公园游人来源构成比例　图5-16　节假日五缘湾湿地公园游人来源构成比例

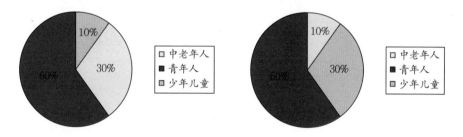

图5-17　五缘湾湿地公园工作日游人年龄构成比例　图5-18　五缘湾湿地公园节假日游人年龄构成比例

5.3.2.2　公园家具应用现状调查分析

为了对公园家具的应用现状有更加深入的了解以及真实的依据，进而对北京市和厦门市共计11个公园的公园家具的应用情况进行了统计。

（1）公园家具种类调查统计

对厦门中山公园、厦门海湾公园、厦门白鹭洲公园、北京北海公园、北京中山公园、北京玉渊潭公园等11个公园进行了公园家具种类的统计。造型、材质的不相同即为单独一类，同种造型仅仅颜色有变化或仅仅装饰花纹不同算同一类型。厦门市的六个公园的公园家具统计结果如下：白鹭洲公园13种，海湾公园9种，中山公园11种，忠仑公园13种，五缘湾湿地公园10种，湖里公园7种（如图5-19）。

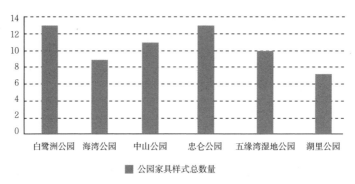

图 5-19　厦门市公园家具种类统计

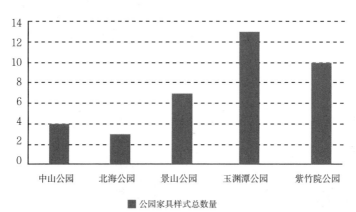

图 5-20　北京市公园家具种类统计

对北京市五个公园进行了统计：中山公园4种，北海公园3种，景山公园7种，玉渊潭公园13种，紫竹院公园10种（如图5-20）。中山公园面积相对较小，以皇家园林建筑为主，占了相对较大空间。因作为毗邻故宫博物院的次要景点，多数游人驻足时间较短。并且在主要以皇家园林建筑为主要景观的情况下，随便增加公园家具，如果风格和造型与建筑相悖，只会对公园的景观造成破坏，所以，中山公园家具种类相对较少。北海公园总体面积大，以山体、湖泊、建筑为主体，占了将近四分之三。北海公园内有许多亭子、长廊等建筑设有供人休息的座椅，这类休息设施归纳于园林建筑，不包含在公园家具中，所以，北海公园的家具类型也较少。在所有公园家具类型中，有些种类比较特别，不同于大多数的公园家具。第一类是单人样式的公园家具，在厦门市公园和北京市公园仅占7.9%和1.6%（表5-1）。这类公园家具只提供一个人使用，具有很强的独立性，提供给单独游人更大的独立空间，大多数是与桌子进行组合。第二类是桌椅组合式的公园家具。除了能提供休息的功能外，更多地提供了娱乐设施和空间，例如打牌、下棋等。第三类是多功能类，是指栏杆、树池、花池、台阶等兼具有公园家具功能的一类。这一类占有一定的比例，厦门市公园为24.8%，北京市公园为14.2%（表5-1）。

表5-1 特殊种类公园家具数量以及所占比例

样式	厦门市公园		北京市公园	
	数量	所占比例/%	数量	所占比例/%
单人样式	5	7.9	1	2.6
桌椅组合式	3	4.8	7	18.4
多功能样式	15	24.8	5	14.2

在家具中，一般把有靠背的称为"椅"，没有靠背的称为"凳"。厦门市六个公园中，带有靠背的有17种，占总数的26.9%；北京市五个公园中，带有靠背的有7类，占总数的18.4%。当人们在使用带有靠背的公园家具时，感觉会更加的舒适和放松。

（2）公园家具材质调查统计

在厦门市所调查的六个公园中，完全使用木材的有8种，占11.7%；完全使用金属的只有1种，占1.6%；完全使用石材的24种，占38.1%；两种或多种材质相结合的有21种，占34.3%（表5-2）。由于木材和金属的特性，在潮湿环境中易被腐蚀，特别是在长时间与土壤接触的情况下，所以采用木材和金属作为支撑结构的较少。再加上南方潮湿多雨，所以完全使用木材和金属制作的公园家具数量非常少。石材则完全不用考虑潮湿气候带来的问题。福建省很多地方出产石料，所以完全用石材制作的公园家具的数量就非常多。在北京市所调查的公园中，完全使用木材和金属制作的仅仅有1种，石材的有19种，占了一半比例。占有比例最大的就是几种材质相结合制作的公园家具，以石材或混凝土作为基础，以金属作为支撑，以木材作为座面，分别发挥了不同材质的优良特性。公园家具的造型更加多变，使用更加舒适，使用寿命更加长久。

表5-2　公园家具材质应用情况

分类	公园名称						合计	比例
	白鹭洲公园	海湾公园	中山公园	忠仑公园	五缘湾湿地公园	湖里公园		
木材	1	2	0	4	0	1	8	12.7%
金属	0	1	0	0	0	0	1	1.6%
石材	6	3	10	1	0	4	24	38.1%
多种材质	7	3	1	8	0	2	21	34.3%

除了对公园家具整体材质进行了统计分析，还对椅面材质进行了统计。椅面是人与公园家具之间接触的结构。椅面使用材质的情况直接影响了用户的使用体验。目前，在公园家具中椅面的使用材质主要有木材、金属、石材以及其他材质。木材因其柔和的颜色、优美的纹理以及良好的触感，成为椅面中采用最多的材料。石材更加地坚固、耐磨，栏杆类、树池、花池类基本都是采用石材作为椅面。其他材质主要包括塑木、竹材、钢化玻璃等等。在厦门市和北京市调查的十六个公园中，以其他材质作为椅面的有5种，仅仅占了总数的5%，所以，如木塑复合材料、新型竹材、维卡木等新型材料有着广阔的发展前景和应用空间。

（3）公园家具各部分尺寸调查统计分析

公园家具几个重要的尺寸数据包括高度 H、宽度 W、长度 L，靠背的高度 H_3、宽度 H_2 以及倾斜角度 R（如图5-21）。公园家具高度的设计依据主要是人在坐姿状态下膝腘的高度 H_4。膝腘是指人膝盖后方的凹陷处。根据GB10000-1988《中国成年人人体尺寸主要数据》，我国成年男子（18~60岁）中，98%的人膝腘的高度在372~463mm之间；成年女性（18~55岁）中，98%的人膝腘高度在331~417mm之间。在调查的46种公园家具中，高度在35cm以下的有3种，占6.5%；高度在35~40cm之间的有13种，占28.3%；在40~45cm之间的有24种，占51.2%；高度在45cm以上的有6种，占14.0%。在使用过程中，高度在40~48cm之间，没有明显的差别；低于35cm会感觉有点矮；高于48cm对于女性来说略微感觉不适。所以，公园家具设计高度在35~48cm都可以。需要注意的是，对于和桌子组合应用的，高度要设计得低一点，这样使用者双臂自然放在桌子上会感觉比较舒。公园家具宽度的设计依据主要是人在坐姿状态下的坐深W_1（图5-22）。我国成年男子（18~60岁）中，98%的人坐深在407~510mm之间；成年女性（18~55岁）中，98%的人坐深在388~485mm之间。在调查的公园家具中，90%以上的宽度在40~45cm之间。对于有靠背的公园家具来说，这个宽度最为适宜，让使用者坐下之后，很自然地靠在靠背上。而对于没有靠背的公园家具来说，宽度不要小于40cm。宽度过宽对于使用体验来说，没有不利的影响，但是考虑到造型的美观、制作成本、和周围环境的协调，宽度也应该适当控制。

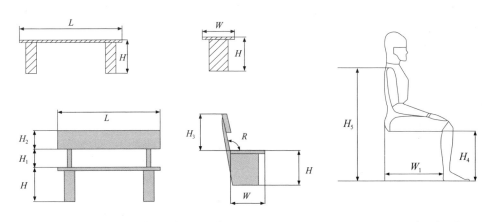

图5-21 公园家具尺寸数据示意图　　　　　图5-22 人体坐姿尺寸示意图

　　公园家具长度的设计依据主要是人在坐姿状态下的臀宽的大小（图5-23）。我国成年男子（18~60岁）中，98%的人臀宽在284~369mm之间；成年女性（18~55岁）中，98%的人臀宽在295~400mm之间。为了提高空间利用率，提供便于交流的休憩空间，公园家具大多数都是多人的，所以，设计时单个人占有的长度要比人的臀宽大很多。调查数据显示，多人的公园家具最多出现的就是长度为80cm左右、150cm左右和178cm左右三个规格。80cm左右的长度两个人最为合适，即使两个陌生人坐在一起，也可以保持一个可以接受的距离。150cm左右适合三个人，如果四个相对亲密的人也可以。178cm左右长度的出现得最多，四个人也不会感到很局促。

公园家具靠背高度的设计依据主要是人在坐姿状态下的肩高 H_3（图5-21）。我国成年男子（18~60岁）中，98%的人肩高在539~659mm之间；成年女性（18~55岁）中，98%的人肩高在504~609mm之间。根据调查的数据显示，靠背高度主要有两个尺寸范围：44~46cm和50~54cm。作者身高172cm，亲身体验感觉靠背高度大于50cm舒适。采访的一位公园女性游人，身高160cm，对两个尺寸范围内的靠背的使用感觉是没有明显的舒适和不舒适的差异。所以，靠背高度大一些有更大的使用范围。关于靠背的尺寸，是指靠背下沿与椅面的距离 H_1。在使用者自然靠在靠背时，后背会有一个倾斜角度，并不是笔直的90°，所以并非从臀部的位置就与靠背接触。换句话说，人的后背与靠背的接触点到椅面之间有一定距离。在公园家具的设计中，可以应用这个接触点确定靠背下沿距离椅面的长度，不仅可以节省靠背所使用的材料，也可以使整个公园家具造型看起来更加通透、简洁。

在有的公园家具中设计了扶手的部分，扶手的高度和宽度在设计也应考虑到人使用时的舒适性。扶手的高度一般参考人在坐姿下肘的高度（图5-24），一般在14~28cm之间。扶手宽度以大于4cm，小于8cm为宜。过窄，手臂放在上面不舒适；过宽，影响扶手和其他部分的协调，不美观。

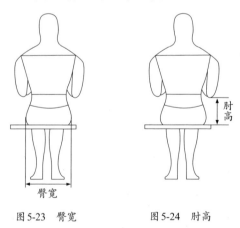

图5-23　臀宽　　　　　　　图5-24　肘高

除了以上公园家具中主要的尺寸数据之外，还有些细节的尺寸也需要设计师注意。例如，公园家具中最常用的就是立方体的木条排列而成的椅面。这类椅面第一个优点是节约材料；第二个优点是美观；第三个优点是利于排水，不易污染。木条之间的距离对使用者的使用体验也有很大影响，在调查的此类公园家具中，木条之间的距离在1~1.5cm之间，也有个别在2cm以上。作者通过对使用者进行的采访，得出：在木条之间的距离等于或大于1.8cm时，可明显感觉到木条带来的压力感，时间长了，会感觉不舒服。还有一点，横向的木条排列比竖向的木条排列更受使用者喜欢（图5-25）。如果椅面是圆柱形的金属管或木条，则要考虑相邻圆柱体截面的中心线之间的距离。

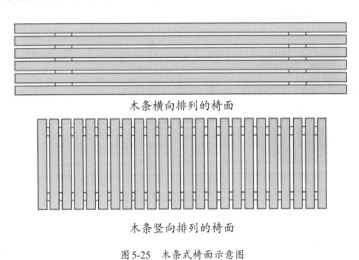

木条横向排列的椅面

木条竖向排列的椅面

图5-25　木条式椅面示意图

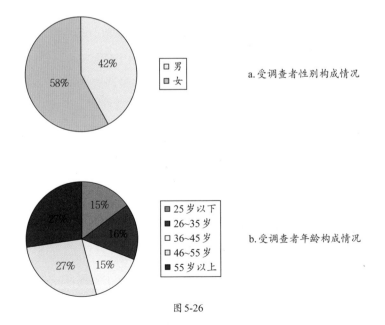

a.受调查者性别构成情况

b.受调查者年龄构成情况

图5-26

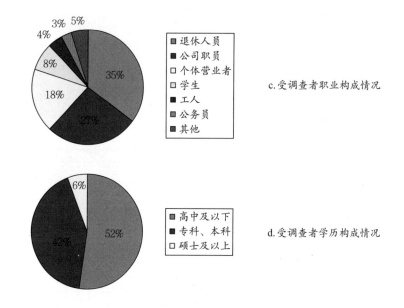

c.受调查者职业构成情况

d.受调查者学历构成情况

图 5-26　受调查者基本情况

（4）公园家具使用者调查分析

①公园家具使用者活动的基本情况

为了研究公园家具使用者的情况以及使用者对公园家具的需求，作者对厦门市的多个公园的游人进行了随机问卷调查。问卷共发放100份，收回90份，有效份数为90份。对问卷结果进行统计分析，结果如图5-27。

受调查者性别构成：调查数据显示，女性占受调查者总数的58%，男性占42%。

受调查者年龄构成：25岁以下占总数的15%，26~35岁占16%，36~45岁占15%，46~55岁占27%，55岁以上占27%。受调查者的年龄涵盖了所有年龄段，并且差距没有过于悬殊，调查结果具有一定的普遍性。

受调查者职业构成：退休人员占总数的35%，公司职员占27%，个体经营者占18%，学生占8%，工人占4%，公务员占3%，其他职员者占5%。受调查者来自各行各业，调查结果可以真实反映出不同人的需求。

受调查者学历构成：高中及以下学历的受调查者占总数的52%，专科和本科学历的占42%，硕士学历以上的占6%。

②受调查者在公园活动的基本情况

受调查者公园活动的主要内容：陪孩子游玩的占28%，进行体育活动的占20%，参加文娱活动的占35%，休闲观赏的占17%。

受调查者游览公园频率：基本上每天都到公园的占52%，每周两到三次的占38%，每个月两到三次的占10%。每天都到公园进行活动的绝大多数是附近的中老年人，每天都会到公园锻炼身体，参加唱歌、跳舞等活动。每周两到三次的大多为附近的上班族，每到周末会选择到公园休闲放松（图5-27）。

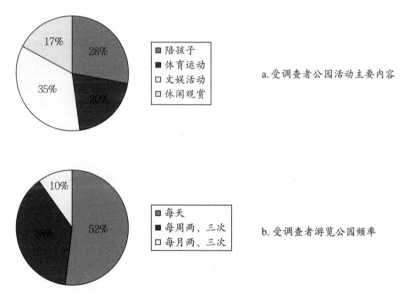

图5-27　受调查者公园活动基本情况

③使用者对公园家具的感受

受调查者对公园家具应用的各方面现状进行评价，共有"很喜欢（非常赞同）"、"喜欢（赞同）"、"不太喜欢（不太赞同）"、"很不喜欢（不赞同）"四个程度不同的选项。"2分"、"1分"、"-1分"、"-2分"四个分值依次对应上面的四个选择。最后进行各方面的统计，计算每个调查方面的平均得分，通过平均得分来分析人们对公园家具的总体需求和评价。

a.受调查者对公园家具材质的评价

表5-3 受调查者对公园家具材质的评价

评价分数	2	1	-1	-2	平均得分
金属材质	13%	17%	65%	5%	-0.32
石材	10%	25%	47%	18%	-0.48
木材	65%	34%	1%	0	1.63

经过统计得出，"金属"、"石材"、"木材"三种应用最多的材料的评价得分分别为"-0.32"、"-0.48"和"1.63"（表5-3）。这个结果表明，使用者对金属和石材的公园家具不太喜欢，而对于木材的公园家具则是非常喜欢。使用者对木材公园家具的喜欢是因为木材的优美的纹理、柔和的触感和高档的感觉。受调查者不太喜欢金属材质的公园家具的原因是金属给人冰冷以及尖锐的感觉。不太喜欢石材的原因是石材的公园家具以及设施太多，产生视觉疲劳；并且石材的公园家具冬天冰凉，夏天很烫，坐起来很硬，不舒服。

b.受调查者对公园家具色彩的评价

表5-4 受调查者对公园家具色彩的评价

评价分数	2	1	-1	-2	平均得分
金属银色	28%	33%	30%	9%	0.31
木材颜色	74%	14%	12%	0	1.50
石材颜色	31%	42%	27%	0	0.57
油漆色	8%	45%	35%	12%	0.02

受调查者对公园家具的色彩评价得分由高到低依次为木材颜色（1.50）、石材颜色（0.57），金属银色（0.31），油漆色（0.02）。表5-4统计结果表明，人们更加偏爱自然事物的颜色，木材和石材的颜色自然柔和，并且具有优美和富于变化的纹理。调查中的金属银色指的是铝材的银色，因为其他常用的钢材都需要涂以油漆，以达到防腐、美观的效果。铝材经过加工处理后，具有自然的银色。对人工油漆的各种色彩表示喜欢的大多数是年轻人，他们觉得这些色彩更丰富，不同色彩的搭配会产生不一样的效果，显得更具现代感和时尚感。对油漆色表示不喜欢的人，认为油漆对人的身体健康会产生不利影响。

c.受调查者对公园家具造型的评价

表5-5　受调查者对公园家具造型的评价

评价分数	2	1	-1	-2	平均得分
符合功能要求	82%	18%	0	0	1.82
简洁、明快	74%	26%	0	0	1.74
新奇、独特	31%	45%	24%	0	0.59
地方特色、民族特色	38%	36%	24%	2%	0.64

表5-5中，对于公园家具的造型，"符合功能要求"的平均分为1.82，得到了最大的认可。无论公园家具的造型做出怎么样的创新和变化，都要以满足其功能要求为首要目的。其次，"简洁、明快"的选项排在第二位，为1.74分。受调查者表示希望公园家具一眼看过去就明白怎样使用，而造型不能过于复杂、怪异。也有一部分调查者希望公园家具在造型上能有所变化，不要一成不变，而要更加地"新奇、独特"。有这类想法的大多为年轻人，他们思维活跃，思想开放，喜欢新奇、新鲜的事物。"具有地方特色、民族特色"的选项平均得分为0.64，表明人们对于公园家具能有地方特色和民族特色的想法是普遍存在的。一位厦门市中山公园的游人说："每个公园都应该有自己的特色，不能到每个公园去都感觉一样。这个特色应该也包括这些座椅、垃圾桶。中山公园既然是有纪念孙中山先生的意义，里面就应该有与之相关的内容和元素。不能说仅仅有一尊孙中山先生的雕像就可以叫做中山公园，哪怕公园之中带有一点民国的感觉也可以的。"可见，随着人们文化水平的提高，这种愿望越来越强烈。

d.受调查者对公园家具设置位置的评价

表5-6　受调查者对公园家具位置的评价

评价分数	2	1	-1	-2	平均得分
水边	18%	60%	17%	5%	0.69
路边	3%	39%	48%	10%	-0.23
绿地	63%	27%	10%	0	1.43
广场	17%	32%	38%	13%	0.02

对于公园家具位置的评价可以反映出人们更倾向于选择什么样的环境来休憩观赏。由表5-6看出，在绿地旁的公园家具最为受欢迎，其次是在水边设置的公园家具。当然，也有人表示对在水边和绿地边的公园家具不喜欢，原因是在夏季会有更多的蚊虫或从树上掉下来的其他东西。在广场的公园家具评价分为0.02，表明喜欢和不喜欢的人几乎各占一半。喜欢的人主要是因为可以在进行完运动之后很方便地休息。在路边的公园家具得分为-0.23，不太受欢迎。究其原因，还是路上过往的行人让人感觉嘈杂，没有安静的环境，也没有相对独立和私密的空间。

e.受调查者对公园家具使用情况的评价

从表5-7中可以看出，"舒适度"、"数量"、"坚固耐用性"、"造型美观"、"色彩搭配"这五个选项的评价得分的高低反映了人们对公园家具各个方面的重视和在意程度。得分越高，说明人们对公园家具的这个方面有更高的要求。在公园家具的设计阶段应首要并且着重思考的内容中，舒适度、坚固耐用、数量依次排在前三位。大部分受调查者表示对厦门市公园的公园家具数量和坚固耐用性都很满意。在游园高峰期时也基本可以满足游人需要。在厦门市公园中，石材公园家具占了很大比例，所以，坚固耐用性很强。至于舒适度，目前的公园家具还没有太多的体现，大多数仅仅提供一个短暂休息的空间，并不能提高到舒适的层次。造型以及色彩两个方面的得分都大于0，说明人们认为这两个方面也很重要。有受调查者表示，现在的公园家具没有任何的欣赏价值，都是千篇一律，在不同的公园甚至能看到一模一样的座椅。因此，公园家具的设计应该从造型、色彩、舒适性上进行研究，并作出创新。

对于"靠背"和"扶手"两个附属部分，平均得分分别为"0.86"和"-0.39"。靠背的设计比较受欢迎，会让使用者感到更舒适、更放松。对于"扶手"，大部分人认为有没有不是很重要。主要原因是公园中大部分的公园家具为多人设计，扶手在两侧只能服务于少数人。在人少的时候，人们也大多会选择坐在中间，扶手的价值就得不到体现。

表5-7 受调查者对公园家具使用情况的评价

评价分数	2	1	−1	−2	平均得分
舒适度很重要	86%	24%	0	0	1.96
数量多很重要	79%	21%	0	0	1.80
坚固耐用很重要	81%	19%	0	0	1.81
造型美观很重要	37%	25%	30%	8%	0.53
色彩搭配很重要	27%	21%	33%	19%	0.04
靠背很必要	35%	42%	20%	3%	0.86
扶手很必要	5%	31%	48%	16%	−0.39

f.受调查者对公园家具中存在的问题的评价

表5-8 受调查者对公园家具存在的问题的评价

评价分数	2	1	−1	−2	平均得分
数量少	11%	28%	47%	16%	−0.29
舒适性差	4%	60%	31%	5%	0.27
造型单一，没有特色	81%	19%	0	0	1.81

针对作者在公园家具调查过程中发现的几个主要问题向使用者进行问卷调查结果如表5-8所示。从"数量少"选项−0.29的得分来看，多数人不赞同公园中公园家具数量少的说法，即所调查公园中公园家具的数量是可以满足人们需求的，不存在很难找到休息位置的情况。"舒适性差"选项平均得分为0.27，反映出一部分人对现在公园家具舒适性满意，而大部分人则不满意，希望改变目前公园家具"硬邦邦"的现状。"造型单一，没有特色"的选项的评价得分为1.81。绝大部分人认为公园家具无论从材质、色彩、造型等方面都缺乏变化，没有新意。

g.受调查者希望公园家具增加的功能

对于公园家具的使用者希望其增加哪些功能，使其更加方便，更加人性化的调查，通过整理，具有参考意义和可行性的有如下几个建议：为数不少的人希望公园家具能以"座"加"桌"的形式出现，提供放置物品和进行其他活动的空间；

还有人希望增加遮阳、挡雨功能，增加这个功能之后，提高了夏季公园家具的使用率，在雨天也能发挥更大的作用；也有受调查者提出增加可以躺的公园家具，在公园中小睡一会儿，非常地享受。

5.4　厦门市海湾公园公园家具案例设计

5.4.1　概述

厦门市是一个非常受欢迎的旅游城市，每年都将迎来数以百万计的游客。优美的海岛风光，异域风情的建筑，都让无数的人流连忘返。海湾公园是厦门市一个具有现代风格的城市公园，有着优越的地理位置和自然环境，尤其面朝大海，更是让公园视野开阔，有着不同于厦门其他公园的感觉。

"绳椅"是专门为海湾公园设计的一款具有海滨风情的公园家具。由绳编织的绳网给人一种通透感和清爽感。流线型的造型，不仅符合人在躺下时的姿势的需求，也具有非常强的时尚感。运用拉丝工艺处理的金属框架，强烈的金属质感和扶手的木质感搭配起来，提升其品质，给人一种现代感。

5.4.2　设计灵感来源

所有设计的灵感全部都来自于生活，来自于用户的需求。

设计方案的灵感来自于作者游玩时的突发奇想。在厦门环岛路的海边，可以看到一只只小小的渔船在巨大的海浪中上下起伏，渔夫熟练地洒下渔网，洒下希望，期待下次收网的时候有丰厚的收获（图5-28）。渔网应该是这个海岛城市居民日常最为熟悉的东西。现在年纪大的人对渔网有着儿时快乐的回忆，回忆中，一个少年从父亲拉起的渔网中收获着大海对他们的馈赠，单纯，幸福。小孩子对于渔网则更多的是好奇和向往，期待着自己也能乘风破浪，征服海浪，用渔网打捞明天的希望。进而，作者联想到国外很多家庭在自己庭院之中设置的绳网吊床（图5-29），它和渔网有着几分形似。绳网吊床通常用棉绳或尼龙绳编制成网状，使用时，将吊床拴在两树之间，用来休息。吊床是很受欢迎的，因为大多人想体验一下躺在吊床上的那分悠然自得。若是将绳网广泛地应用于公园家具中，不仅材料造型新颖，也必定能取得良好的使用体验。于是，作者设计了公园家具方案——"绳椅"。

图 5-28　收网

图 5-29　绳网吊床

5.4.3　设计方法

在为厦门海湾公园设计"绳椅"的过程中，主要运用了逆向思维法和替代设计法。

（1）逆向思维法

逆向思维法是指为实现某一创新或解决某一常规思路难以解决的问题，而采取反向思维寻求解决问题的方法。

在公园家具的设计中，总是将公园家具固定在"坐"这个姿势之上，所以公园家具的造型没有太多突破。我们采用逆向思维：我们在怎样的休息姿势下感到最舒服？当然是躺着最舒服。所以，设计一把公园躺椅成为了重点。

（2）替代设计法

替代设计就是在设计中用某一事物的结构或者材料替代另一事物中的结构和材料。

在公园家具的设计中最常用的是材料替代。随着科技的飞速发展，新材料层出不穷，新材料的特性也越来强，越来越全面。传统的材料在现实应用中存在着许多弊端，新材料的研发必将弥补这些缺陷，更好地为使用者提供人性化的服务。在公园家具的调查中发现，公园家具的表面多为木材、石材和金属，这三种材料都是给人硬的触感，能否用一种材料代替上面的材料，让人坐上去感觉软软的，很舒服呢？由于布料以及塑料在户外应用易损耗，无法在公园家具上使用，最后想到了绳网。绳，轻盈柔软，能根据人的体型改变形状，并且随着科技的进步，绳在户外的应用已经没有任何问题。

5.4.4　方案构思

（1）草图构思

在方案设计开始阶段，设计师的脑海中会出现多种构思，这时，利用草图将所有的构思用图形的形式表现出来。草图不要求面面俱到，重要的是将那些支离破碎的、一闪而过的想法记录下来。在面对一个具体的设计问题时，通常设计师的思维是跳跃性的，会尝试多种解决问题的方法，会有一些不可能实现的幻想，也有很好的创意。这些都可以通过草图记录下来，为进一步深化开拓空间。同时，记录尽可能多的灵感也是对设计对象进行构思和整理的过程，有利于设计师更好地了解设计对象和设计内容，容易抓住设计重点。

在"绳椅"设计的草图构思阶段，先将现有公园家具的造型，室内座椅、躺椅、沙发等家具的造型用线条简单勾画出来进行观察分析。然后，将线条进行拉扯、打断、连接、增加、删减等处理，然后从中挑选造型合理、美观的草图。最后，根据使用功能、材料特征等对草图进行深化。这样，就将设计思想转化为了草图。

（2）方案推敲

经过了草图构思阶段，会得到许多创意，在方案推敲阶段最重要的就是比较、综合、提炼这些草图。先将相同类型的草图分类整理，按照功能、材料、造型、色彩、可行性几个方面进一步研究。这个阶段要理性地重新审视所做的草图，围绕前期所做的设计提案和设计依据进行补充，形成初稿。

（3）延伸构思

针对被淘汰的草图进行分析研究，总结其可取之处和不足之处。针对可取之处，分析如何能将其利用，来完善现有方案；针对不足之处，分析现有方案是否存在相同或相似的问题。针对被选出的草图方案，从不同的方面出发，发现其可拓展的方面。

（4）方案深化

这个阶段，初步方案已确定，接下来将草图转化为图纸，同时思考材料、结构、施工工艺等问题。

①将方案深化为系统的三视图，从尺寸上确立设计对象的尺度关系。

②确定设计对象的材料，在图纸上标注材料，考虑材料与材料之间的质感对比关系、色彩对比关系等。

③确定各个部分之间的组合结构和方法。

④形成效果图。

5.4.5　设计案例分析

（1）材质

"绳椅"所应用的材料主要有三种。第一种是金属，选择力学性能较强的铝合金，主要应用在绳椅的支撑结构。铝合金是以铝为基本元素的合金总称。主要合金元素有铜、硅、镁、锌、锰，次要合金元素有镍、铁、钛、铬、锂等。铝合金密度低，但强度比较高，接近或超过优质钢，塑性好，可加工成各种型材，具有优良的导电性、导热性和抗蚀性，普遍应用于航空、造船、汽车制造等行业。铝合金的表面进行拉丝工艺处理，既可以增强其防腐性能，又可以美化表面，更有金属感。第二种材料是竹木，应用于绳椅两侧与人手臂接触的扶手部分。选择竹木，一方面是因为竹木有着天然的优美纹理以及自然的颜色，给人的感觉更加温和、自然、和谐。另一方面，竹木再进行了表面工艺处理之后，比木材更加耐磨、耐潮湿。并且竹木是高压压合而成，比天然木材更加坚固，不容易损坏。塑木和维卡木虽然也有着非常强大的户外抗性，并且不用进行表面工艺处理，但是相比于木材和竹木，触感稍差，有种硬而脆的塑质感。为了给使用者更好的触觉体验，所以选择竹木这种新兴的材料。第三种主要材质就是绳椅的关键材料——绳。绳椅中的绳需要承担人体全部重量，必须要有非常强的韧性。由于在户外应用，绳也必须要有一定的防潮、防曝晒的性能。公园家具应用于公共空间，使用频率高，绳需要有很强的耐磨损能力。综合以上应用需求，选择大力马绳。大力马绳采用超高分子模量聚乙烯纤维（超强PE纤维）为原料，经过特殊工艺编织制成方形或者圆形绳，经防卷曲处理,不易缠绕乱线，线体顺滑流畅，耐磨性好，表面的涂层,经定型，表面光滑，不吸水，比重轻，浮于水面。它具有超高强度低伸长、超高模量、耐磨损、耐腐蚀、抗老化、抗冲击和耐低温等特性，其主要性能指标均优于碳纤维和芳纶，非常适合户外应用。

（2）造型和尺寸

"绳椅"主要结构为两侧弧形的框架，由高强度的铝合金连接，保证整体的稳定性和牢固性。框架采用弧形的线条，看起来更加美观。靠背和椅面部分都按照人体的体型有一定角度的倾斜，并做成了流线型，感觉更加舒适。框架一和框架二之间有相互重合的部分，这些部分用螺丝连接固定。绳网的设计并不是一体的，而是分段式的。分段式绳网的设计更加牢固安全，也便于安装维护。在其中一条绳索损坏时，并不需要将整个绳网拆卸更换，只需要将损坏绳索所在的那一段绳网更换便可。

人在室内和室外的活动范围和行为上有所差别。在室内人进行休息更加放松，姿势更加慵懒，而在室外由于环境的复杂，以及不安全因素多，人往往保持一定的警惕性，休息时并不是百分之百的放松，姿势有一定的收敛。所以，"绳椅"中各部分的尺寸在参照了室内家具设计中躺椅的设计尺寸的同时，也结合现有公园家具的常用尺寸进行了适当的修改（如图5-30~图5-32）。

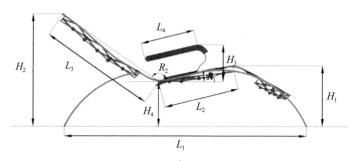

图5-30　绳椅尺寸示意图

整体支撑结构跨度（L_1）为1480mm，高度（H_2）为680mm；靠背长度（L_3）为800mm；座椅面最低处高度（H_4）为275mm，最高处高度（H_1）为370mm，椅面长度（L_2）为500mm；扶手距椅面最低处高度（H_3）为180mm，长度（L_4）为300mm，宽度为65mm；椅面与水平面角度（R_1）为15°，靠背与椅面角度（R_2）为130°。

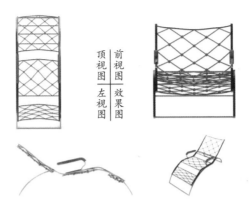

图 5-31　绳椅三视图（设计：肖飞）

图 5-32　绳椅户外应用效果图（设计：肖飞）

座椅宽度约为450mm，金属框架宽度为35mm，绳网直径8mm，绳网大小为75mm×75mm的菱形。

5.5　本章小结

公园家具是所有公园在功能和景观上不可或缺的重要组成部分。公园家具除了满足提供休息的基本功能外，其设计还应遵循以人为本的原则，更多地关注情感体验以及景观作用等方面。因此，需要了解目前公园家具的应用情况，以及使用者对公园家具各个方面的使用需求，将其作为公园家具设计的参考依据。所以，本章从公园家具应用现状出发，结合使用者的心理需求，分析公园家具在舒适性、景观性、人文性等方面的内容。

本章对北京市和厦门市共11个公园中的公园家具的材料、种类、尺寸等方面进行了实地调查、统计和分析并对使用者进行问卷调查。调查发现，随着人们生活水平的提高，以及对生活品质要求的提高，公园家具在设计和应用上应该有长足的进步和发展。

然而，由于公园家具在设计领域上没有受到足够的重视，使得公园家具的功能单一、造型单一，材料上仍然以木材、金属、石材、混凝土等为主，公园家具的同质化现象非常严重；新型材料（如新型竹材、木塑复合材料、维卡木等）应用公园家具上，效果比较好，但应用还不是很广泛，色彩方面也比较单调，建议景观规划师或家具设计师在今后的设计中多考虑应用新型环保节能的材料。

对公园家具使用者的问卷调查发现，使用者对公园家具的使用舒适性和使用功能有更多的要求。靠背的设计对公园家具的舒适性很重要，使用者认为靠背对公园家具很有必要。公园家具增加室内家具沙发、躺椅具有的躺、卧功能，以及室外所需要的遮阳、储物等功能成为使用者的迫切需求。

第 **6** 章

其他园林家具设计

6.1 庭院家具设计

6.1.1 庭院家具概述

庭院，指建筑物（包括亭、台、楼、榭）前后左右或被建筑物包围的场地。南朝梁顾野王所撰《玉篇》中解释："庭者，堂前阶也"；"院者，周坦也"。庭院空间是中国建筑中最为显现的一种特征，各个时代以及不同地域的建筑都采用了庭院这种形式来组织空间。同时，庭院还作为室内与室外、单体与群体的纽带而与中国传统建筑的各个方面发生普遍的联系。庭院还是组群内部渗透自然、引入自然的场所，具有调适自然生态和点缀自然景观的潜能。借助庭院，建筑与自然、围合与开敞、室内与室外、公共与私密均达到和谐。在日常生活中，庭院起着"露天起居室"的作用，成了家务劳作、晾晒衣物、儿童嬉戏、休憩纳凉和庆典聚会的场所。庭院家具顾名思义是置于庭院内外的家具，为人们在庭院中的各项行为活动提供支撑，如休闲桌、椅、帐篷、太阳伞、吊篮、秋千、晾衣架等家具设施。传统建筑的生态美与和谐美在这里得到明确体现，场所价值明显，体现了文化审美中人们对日常生活生产方式的审美追求，是实用与审美的统一。

庭院家具主要有以下类型：

①桌、茶几，包括折叠式和不可折叠式两种；

②吊床，包括固定于专用支架上的和普通型两种；

③椅子、凳子、躺椅；

④餐车和迷你型书报架；

⑤雨阳棚，包括固定式和折叠式两种，折叠式阳伞等配套设施。

庭院家具由于使用的场地特点，多用于户外，供人们在庭院中休憩歇坐、观赏、交流，对于材料的要求有其特殊性，主要用材要求结实、耐腐蚀、防水、防晒、质地牢固。常见的庭院家具材料包括：

①实木。它是制作庭院家具的主要原料之一，一般采用木本色涂饰，以保留其天然的色泽与质感；有时也采用原生树枝弯曲成型，或保留刀砍斧锯的痕迹，以营造出朴拙的造型。

②竹藤。竹藤材质的轻巧与柔韧适宜编织出朴实大方的家具造型，结合典雅的布艺装饰，十分贴切地迎合了当今崇尚自然、注重环保的主流。通常采用本色的涂饰，也会处理成绿色系的色调。

③合金与锻铁。常用于制作桌几、椅子等，也可以与实木、藤条相结合。铁艺椅工艺精湛，花饰图案千姿百态，造型舒展纤秀，很好地点缀了庭院景观。

④石材、玻璃。主要用于制作桌、几的台面。

⑤塑料。可用于制作各种庭院家具，色彩丰富。

⑥织物。有多重的色彩与图案可供选择，通常以浅色为主，也有采用花饰图案。它主要用于制作靠垫、座垫的面料。

庭院家具能同自然环境和谐共存，与庭院的整体格调浑然天成；对天然材料情有独钟，以最接近自然的色彩搭配与图案装饰，将家具、庭院与自然巧妙相融，为生活注满舞动的阳光、清新的空气。

6.1.2 庭院家具设计要点

庭院家具指在庭院中设置的，为人们提供休憩功能的设施，多指座椅和桌子。庭院家具设计要点：

①庭院家具的尺寸。与公园家具和街道家具相比，庭院家具的尺寸可以进行适当的调整，使其更加舒适。

②要考虑庭院可用的空间、视点、展示的内容、一天内阳光和树荫的位置、自然气候等等。

③由于庭院家具更多的是私人使用，可以为庭院家具搭配相应的配件，使其更加地舒适，例如坐垫、抱枕、靠背等。

④庭院家具使用的材料有木材、石材、金属、藤类、竹材等。

6.1.3 庭院家具设计图例

图6-1　铁艺庭院躺椅

图6-2　与树池结合的庭院座椅

图6-3　藤本植物编制的庭院座椅

图6-4　木板座椅

图6-5　庭院座椅

图6-6　秋千座椅

图 6-7　带坐垫的庭院座椅

图 6-8　藤制秋千椅

图 6-9　庭院铁制休闲家具

图 6-10　庭院家具 1

图 6-11　庭院家具 2

图 6-12　庭院家具 3

图 6-13　庭院家具 4

图 6-14　庭院秋千椅（藤制）

图 6-15　庭院秋千椅（铁艺）

图 6-16　庭院秋千椅

图 6-17　庭院木质椅

图 6-18　木质休闲躺椅 1

图6-19 木质休闲躺椅2

图6-20 钢木户外轻便椅1

图6-21 钢木户外轻便椅2

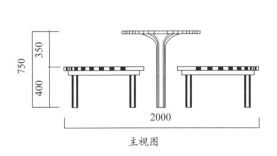

主视图

平面图

图6-22 庭院桌凳组合三视图

6.2　街道家具设计

6.2.1　街道家具概述

街道，原义指两边有房屋的比较宽阔的道路，凯文·林奇在《城市意象》中将城市意象物质形态的内容归纳为5种元素——街道、边界、区域、节点和标志物，并进一步指出了："在组成城市形象的五大要素中，街道是城市意象感知的主体元素。作为城市生活空间与公共空间的交集，街道对于人们的城市生活而言有着特别的意义。街道家具的设置能够让街道活动更加便利舒适和丰富多彩。"

"街道家具"直译于英文"Street Furniture"，这个名词出现于20世纪60年代公共艺术刚刚萌芽的欧洲，它主要指"为了提供某种公共服务或某项功能，装置在公共空间里的私人或公共对象或设施的统称"，也称为"城市家具"或"公共设施"，指的是街道上的座椅、垃圾桶、路灯、广告招牌、公共时钟、桥、电话亭、候车亭、标志、解说牌等人造设施。这些设施在城市中担负着休憩、服务、美化、传递讯息等基本功能。美国著名都市和景观设计大师哈普林（Halprins)在其关于现代城市景观的著述《都市》(Cities)一书中说："一个都市对其都市景观的重视与否，可从它所设置的街道桌椅的品质和数量上体现出来。"

街道家具是城市中人们近距离频繁使用的一类景观要素，与人们的关系极为密切，涵盖了城市公众艺术品、公交车站亭、电话亭、座椅、信箱、照明设施、标识系统、广告、垃圾箱等各种环境小品设施，种类繁多，数量庞大。相对于纯艺术品和纯工业产品来说，街道家具是对城市景观整体环境的感应，通过有意味的形式的介入，形成新的场所特征与所处的空间和场所密不可分。城市景观是具有一定层次、结构和功能的，处于一定社会环境中的复杂的人工系统。街道家具作为该系统的构成要素之一，并非是一个独立的子系统，而是借助"街道"这个信息交流的平台，与其他景观要素相互联系、相互影响，共同构成丰富多样的城市景观系统。

街道家具种类繁多、用途各异，从功能上大致可以分为以下八类：

①体憩类。如凉亭、桌椅板凳等供行人歇息的设施。

②照明类。提供夜间照明以供人或车安全行走，例如路灯、走道灯、庭院灯等。

③商业类。提供商业资讯或商业服务，例如广告招牌、售票亭、书报亭和简易食物售卖亭等。

④资讯类。提供旅游资讯或其他商业服务，如咨询台、广告展板及布告栏等。

⑤交通类。基于交通上的需要而设置，例如候车亭、指示牌、自行车架、人行天桥和地下交通出入口等。

⑥环保类。如垃圾筒和资源回收筒等。

⑦邮电类。如各类电话亭、邮筒等。

⑧城市设备类。如电力变压箱、消防栓箱、人孔检修盖等。

街道家具是城市公共空间和景观组织中不可缺少的元素，是体现城市特色与文化内涵的重要部分。城市街道家具是城市规划和设计所形成的具有特定意义的框架上的细部点缀，是城市规划和设计的深化和细化。将城市的文化特色及辉煌的历史融入城市街道家具设计中，赋予街道家具一定的意义，不仅可以使它们很好地融入城市景观，也可以使景观与公众之间产生深层次的情感沟通，从而丰富人们在城市景观中的体验。

6.2.2 街道家具设计要点

街道家具指设置于街道旁或广场，满足人们各种使用需求的设施，主要包括坐凳、垃圾桶、电话亭等服务设施。街道家具设计要点：

①街道家具的尺寸应符合人体工程学原理；

②根据使用对象的不同，街道家具的设计尺寸也应不同。例如，儿童座椅应适合儿童身材；

③结合城市特色和周围环境来确定街道家具的风格和造型，力求新颖独特；

④街道家具的设计也应考虑残疾人的使用要求；

⑤街道家具采用的材料有木材、石材、金属等。

6.2.3　街道家具图例

图 6-23　石材条形坐凳

图 6-24　街道坐凳

图 6-25　广场坐凳

图 6-26　坐凳与树池结合

图 6-27　与棚架结合的坐凳

图 6-28　广场坐凳

图 6-29　铁艺街道座椅

图 6-30　钢木垃圾桶

图 6-31　户外双桶垃圾桶

图 6-32　玻璃钢垃圾桶

图 6-33　公交车站座椅

图 6-34　公交车站座椅

图 6-35　玻璃电话亭

图 6-36　木制电话亭

图 6-37　街道及公园坐凳

图 6-38　街道及公园坐凳

图 6-39　街道景观石椅

图 6-40　街道休闲家具

图 6-41　街道景观椅

图 6-42　街道休息石椅

图 6-43　户外椅

图 6-44　藤质户外椅

图 6-45　沙滩沙发床

图 6-46　户外石凳

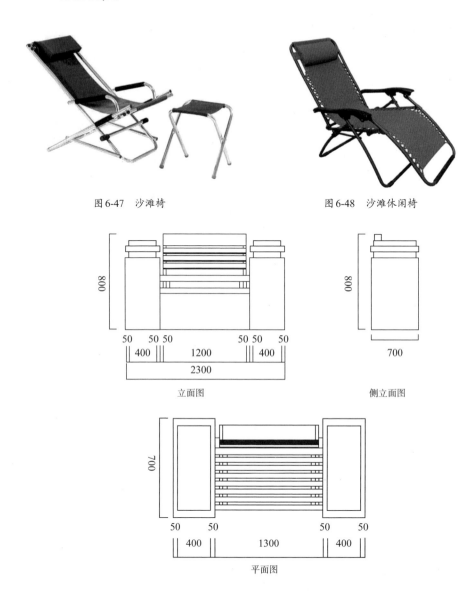

图 6-47　沙滩椅　　　　　　　　　　图 6-48　沙滩休闲椅

立面图　　　　　　　　　　　　　侧立面图

平面图

图 6-49　街道座椅三视图

参考文献

[1]张运吉.老年人公园利用的研究——以济南和泰安为例[D].泰安：山东农业大学.2009.06.

[2] 高玉军.现代城市区域公园细部人性化设计研究[D].泰安：山东农业大学.2008.06.

[3] 高淼.城市体育公园公共服务设施设计研究——以咸阳上林运动公园公共服务设施设计为例[D].西安：长安大学.2011.06.

[4] 卢鑫.环境心理学在公园设计中的应用——以南昌市人民公园为例[D].南昌：江西农业大学.2011.06.

[5] 曾瑶，齐童.北京郊野公园游憩设施及游憩者行为偏好研究[J].首都师范大学学报（自然科学版）.2011.02，第33卷（第1期）：61-66.

[6] 华予.现代公园景观小品设计研究[D].南京：南京林业大学.2011.06.

[7] 许春霞.城市综合公园人性化设计研究[D].武汉：华中科技大学.2008.06.

[8] 李安彦，彭重华.景观家具设计初探[J].环境艺术.2009.04：98-99.

[9] 刘雅笛，刘建.论城市户外家具的设计原则[J].家居与室内装饰.2007.11：78-79.

[10] 杨宇斌.以生活形态分析为起点的户外家具设计[J].艺术与设计，2009.03：151.

[11] 陆沙骏，杨足，冯豫韬，张福昌.城市家具的人性化设计初探.江南大学学报[J]，2005.02，第4卷（第1期）：119-121.

[12] 李超.城市户外公共座椅设计研究[D].无锡：江南大学.2008.04.

[13] 张冉.现代城市公共休闲空间座椅设计[D].南昌：南昌大学.2010.11.

[14] 肖丽.公共户外家具环境协调性的设计研究[D].长沙：中南林业科技大学.2008.06.

[15] 魏长增.谈户外座具设计[J].现代经济开发，2004.04：106.

[16] 张淑英.创造人性化的户外空间——从锦州市政府广场座椅透视人性化设计[J].辽宁工业学院学报.2007.08，第9卷（第4期）：83-87.

[17] 过韦敏，周方旻.城市的"道具"——户外家具的设计思考[J].家具.2001.03：27.

[18] 罗显怡，丁佩华.城市家具设计中地域文化的可持续性——"山城印象"公共候车站设计[J].生态经济.2006，（第10期）：146-149.

[19] 肖丽，李敏秀.我国户外家具的发展动力探析[J].家具与室内装饰.2006.02：60-61.

[20] 张秋梅,袁傲冰,李薇.老年社会与无障碍城市街道家具[J].中国名城.2011,（第1期）：23-26.

[21] 郝辰."活"的城市户外家具——抽象主义城市户外家具实例点评.美术界[J].2010,（第10期）：60.

[22] 杜文娟.户外木质家具涂膜老化性能研究[D].南京：南京林业大学.2010.06.

[23] 杨巍巍. 木塑复合材料家具在户外家具中的应用[D].南京：南京林业大学.2011.06.

[24] 赵鹤.户外家具用重组竹材防腐工艺研究[D].南京：南京林业大学.2011.06.

[25] 邓莉文,陈杰.城市公共家具审美体验的影响要素解析[J].家具与室内装饰,2010,（5）:70-71.

[26] 唐立宝.城市家具设计中感性需求探微[J].美与时代(上半月),2009（5）:76-77.

[27] 刘建.城市户外家具设计的研究[D].中南林业科技大学,2007:1-78.

[28] 郑伟.人机工程学在户外家具设计中的应用[J].四川建筑,2011,31（3）:61-65.

[29] 过伟敏,周方旻.户外家具设计探微[J].无锡轻工大学学报(社会科学版),2001,2（2）:183-185.

[30] 缪晓宾,许佳.城市家具情感化设计[J].郑州轻工业学院学报(社会科学版),2008,9（2）:66-68.

[31] 陈胜利.浅析儿童家具情感化设计的必要性[J].科教导刊(中旬刊),2013（35）:191-194.

[32]（丹麦）Jeepe Hein.有趣的长椅[J].李南，译.风景园林.2011.04.

[33]（美）Albert J.Rutledge 著，王求是，高峰译.大众行为与公园设计[M].北京：中国建筑工业出版社，1990.

[34] 克列阿索夫.木塑复合材料[M].王伟宏，宋永明，高华，译.北京：科学出版社.2010.

[35] 杨毅强.创新的材料，和谐的景观[J].国外塑料.2012（10）：90-94.

[36]（日）芦原义信著，外部空间设计[M].尹培桐译.北京:中国建筑工业出版社.1985.

[37]（日）画报社编辑部.日本景观设计系列4——街道家具[M].沈阳：辽宁科学技术出版社，2003,(01).

[38] 中国大百科全书编委会.中国大百科全书·轻工卷[Z].北京：中国大百科全书出版

社，1991.

[39]（唐）房玄龄等.晋书[M].北京：中华书局，1981.

[40]（北魏）贾思勰著.齐民要术注释[M]. 缪启愉，缪桂龙译注. 上海：上海古籍出版社，2009.

[41] 鲍诗度，王淮梁，孙明华. 城市家具系统设计[M]. 北京：中国建筑工业出版社，2006. 11.

[42] 林小峰.园林建筑与小品[M].南宁：广西科学技术出版社，2004.01.

[43] 窦奕.园林小品集园林小建筑[M].合肥：安徽科学技术出版社，2008.01.

[44] 安秀.公共设施与环境艺术设计[M].北京：中国建筑工业出版社，2007.01.

[45] 薛富兴.美学[M].合肥安徽教育出版社，2001.04.

[46] 王列,陈祖建,郑郁善,等.城市公园家具人性化设计的价值取向和基本原则[J].沈阳农业大学学报（社 会科学版）,2013,15（4）:388–389.

[47] 傅伟.现代设计支点[J].装饰,1994（2）:28.

[48] 黑格尔著.《美学》第三卷上册.朱光潜译.北京：商务印书馆，1984:103

[49] 彭聃龄.普通心理学(修订版)[M].北京:北京师范大学出版社,2004:364.

[50] [美]唐纳德·A诺曼著.情感化设计[M]. 付秋芳,程进三译.北京:电子工业出版社,2005:1–206.

[51] 陈瞻.标志设计中的象征性[J].包装工程,2004:78–79.

[52] [英]亚当·斯密著.道德情操论[M].谢宗林译.北京:中央编译出版社,2008:15.

[53] 徐正言.渗透与融合—教育实践中的心理学[M].杭州:浙江教育出版社,2008:7.

[54]（瑞士）皮亚杰著.发生认识论原理[M]. 王宪钿译.北京:商务印书馆,1981:1–114.

[55] 姚浩然,人格化家具形态设计研究[D].南京林业大学,2012:18–24.

[56] Yamamoto K.Kansei engineering—the art of automotive development at Mazda[M]. Ann Arbor:The University of Michigan,1986:1–24.

附录1　园林家具情感意向问卷

园林家具情感意向问卷

调查时间＿＿＿＿＿＿　调查地点＿＿＿＿＿＿　调查人员＿＿＿＿＿＿

您好！我是福建农林大学园林设计专业的学生，为了更好地了解户外休闲与娱乐的人员对户外家具的需求，特进行园林家具情感意向性调查，希望得到您的大力支持。非常感谢！

一、关于您（您的信息我们会保密的，请放心）

1.您的年龄

a.20~30岁（　　）　b.30~40岁（　　）　c.40~50岁（　　）　d.50岁以上（　　）

2.您的性别

a.男性（　　）　b.女性（　　）

3.您的职业

a.工人（　　）　b.干部（　　）　c.企业家（　　）　d.作家（　　）　e.农民（　　）

f.学生（　　）　g.教师（　　）　h.军人（　　）　i.商人（　　）　j.其他（　　）

4.您的文化程度

a.初中或以下（　　）　b.高中（　　）　c.大专（　　）

d.本科（　　）　e.硕士或以上（　　）

5.您平时外出情况如何？

a.频繁（　　）　b.不频繁（　　）　c.偶尔（　　）　d.很少（　　）

二、园林家具情感意向

6.您喜欢什么类型的园林家具？

a.木质（　　）　b.玻璃（　　）　c.金属（　　）　d.塑料（　　）

e.铝合金（　　）　f.其他（　　）

7.您喜欢什么风格的园林家具？

a.中式（ ） b.欧式（ ） c.东南亚（ ）

d.其他（ ） e.无所谓（ ）

8.您喜欢什么颜色的园林家具？

a.白色（ ） b.黑色（ ） c.黄色（ ） d.绿色（ ）

e.红色（ ） f.其他（ ） g.无所谓（ ）

9.您对此地的园林家具布置满意吗？

a.很满意（ ） b.满意（ ） c.比较满意（ ）

d.不太满意（ ） e.不满意（ ）

10.当您选择园林（庭院）家具时会更加关注哪一方面？

a.造型（ ） b.色彩（ ） c.功能（ ）

d.质感（ ） e.空间环境（ ）

11.您希望此地的园林家具需要哪些方面的改善？

a.功能齐全些（ ） b.造型奇特些（ ） c.色彩丰富些（ ）

d.陈列数量合理些（ ） e.与周围环境和谐些（ ）f.其他（ ）

12.您对园林家具还有哪些意见或建议？

_____

_____

_____

_____

_____

_____

我们的问卷调查已经结束了，非常感谢您的参与，祝您生活愉快！

附录2　公园家具使用者心理问卷调查

公园家具使用者心理问卷调查

调查时间_____　　调查地点_____　　天气情况_____　　调查人_____

　　您好，我是福建农林大学园林专业的学生，正在进行公园家具使用者心理问卷调查，希望能得到您的配合，谢谢！

一、您喜欢什么材质的公园家具？请在相应的"_____"上打"√"。

	很喜欢	喜欢	不太喜欢	很不喜欢
1.金属材质	_____	_____	_____	_____
2.石材	_____	_____	_____	_____
3.木材	_____	_____	_____	_____
4.其他	_____	_____	_____	_____

二、您会选择什么位置的公园家具休息、观赏？请在相应的"___"上打"√"。

	很喜欢	喜欢	不太喜欢	很不喜欢
1.水边、湖边	_____	_____	_____	_____
2.路边	_____	_____	_____	_____
3.广场	_____	_____	_____	_____
4.树林下、草坪边	_____	_____	_____	_____

三、您更喜欢哪种公园家具的样式？请在相应的"___"上打"√"。

	很喜欢	喜欢	不太喜欢	很不喜欢
1.单人	_____	_____	_____	_____
2.双人	_____	_____	_____	_____
3.多人	_____	_____	_____	_____

四、对于公园家具，您的看法是什么？请在相应的 "＿＿" 上打 "√"。

	非常赞同	赞同	不太赞同	不赞同
1.舒适度很重要	＿＿＿	＿＿＿	＿＿＿	＿＿＿
2.数量多很重要	＿＿＿	＿＿＿	＿＿＿	＿＿＿
3.坚固耐用很重要	＿＿＿	＿＿＿	＿＿＿	＿＿＿
4.造型美观很重要	＿＿＿	＿＿＿	＿＿＿	＿＿＿
5.颜色协调很重要	＿＿＿	＿＿＿	＿＿＿	＿＿＿
6.坐具靠背是很必要的	＿＿＿	＿＿＿	＿＿＿	＿＿＿
7.坐具扶手是很必要的	＿＿＿	＿＿＿	＿＿＿	＿＿＿

五、对于公园家具的造型您的看法是什么？请在相应的 "＿＿" 上打 "√"。

	非常赞同	赞同	不太赞同	不赞同
1.造型符合功能的要求	＿＿＿	＿＿＿	＿＿＿	＿＿＿
2.造型简洁、明快	＿＿＿	＿＿＿	＿＿＿	＿＿＿
3.造型新颖、独特	＿＿＿	＿＿＿	＿＿＿	＿＿＿
4.造型具有地方特色和民族特色	＿＿＿	＿＿＿	＿＿＿	＿＿＿

六、对于公园家具的颜色，您的看法是什么？请在相应的 "＿＿" 上打 "√"。

	很喜欢	喜欢	不太喜欢	很不喜欢
1.金属原色	＿＿＿	＿＿＿	＿＿＿	＿＿＿
2.木材原色	＿＿＿	＿＿＿	＿＿＿	＿＿＿
3.石材原色	＿＿＿	＿＿＿	＿＿＿	＿＿＿
4.人工油漆色	＿＿＿	＿＿＿	＿＿＿	＿＿＿

七、您认为本公园家具存在哪些问题？请在相应的 "＿＿" 上打 "√"。

	非常赞同	赞同	不太赞同	不赞同
1.数量少	＿＿＿	＿＿＿	＿＿＿	＿＿＿
2.不够舒适	＿＿＿	＿＿＿	＿＿＿	＿＿＿
3.造型千篇一律，没有特色	＿＿＿	＿＿＿	＿＿＿	＿＿＿

八、受访者信息

性别：□男　　□女

年龄：□25岁以下　□26~35岁　□36~45岁　□46~55岁　□56岁以上

职业：□公务员　□公司职员　□工人　□退休人员　□学生　□个体户　□其他职业

文化程度：□高中及高中以下　□本科　□本科以上

到公园的频率：□每天一次　□每周两到三次　□每月偶尔一两次

逛公园主要目的：□陪孩子　□运动（跑步，打球）

　　　　　　　　　□休闲散步　□参加活动（唱歌，跳舞）

在公园游览时间：□1小时　□2~3小时　□3小时以上

附录3 厦门市公园家具尺寸调查统计表

附录表1 厦门市公园家具尺寸调查统计表（单位：cm）

公园名称	序号	高	宽	长
五缘湾湿地公园	1	48	44	178
	2	48	44.5	179
	3	36	40	180
	4	45	41	95
湖里公园	1	48	40.5	110
	2	38	42	150
	3	44	61.5	—
	4	44	40	254
	5	42	40	—
	6	45	35	—
	7	38.5	23	—
海湾公园	1	42	45	184
	2	42	40	185
	3	44	48	140
	4	35	25（直径）	—
	5	33	40	—
	6	50	38	—
	7	35	35	—
	8	41	38	—
忠仑公园	1	41	40	110
	2	44	45	145
	3	36	48	178
	4	40	48	160
	5	44	40	45
	6	41	32	150

续表

公园名称	序号	高	宽	长
白鹭洲公园	1	50	25	270
	2	40	42	—
	3	37	35	120
	4	44	40	—
	5	42	65	—
	6	40	40	145
	7	40	50	—
	8	38	40	150
	9	38	42	150
	10	42	44	—
	11	35	26（直径）	—
	12	41	40	300
中山公园	1	38	28	100
	2	40	28	100
	3	30	38	160
	4	38	24	47
	5	36	24	40
	6	45	41	158
	7	40	28	120
	8	35	40	202
	9	44	30	150
	10	43	38	115

注：表格内为"—"，表示此类公园家具的长度无法测量，例如：栏杆类、台阶类、花池、树池类。有特别标注"直径"的，表示形状为圆形的公园家具，长和宽相同。

后记

园林自初创之日起，就是人类意识中理想王国的形象模式，也是各文明民族对人与自然关系的哲学理念的艺术模式。其中的园林家具从园林创建伊始，就伴随着人们在园林中的行为活动而产生，与水、植物和建筑等要素一同经过人们有意识的构配而组合成有机的整体，创造出丰富多彩的景观，给予人们美的享受和情操的陶冶。就此意义而言，它也就必然承载园林活动者的各种行为，并通过现代园林的物质元素、空间以及场所感限定引导着活动者的行为模式。园林家具是园林设计中不可或缺的部分，它既是一种艺术创作，也具有实用价值。园林艺术正是以这种实用技术为基础，成为人类文化遗产中弥足珍贵的组成部分。因此，通过对于现代园林家具的类型以及园林家具使用的分析，可以从一个侧面反映出不同的园林家具对活动者行为模式的适应程度，从而对于现代园林文化内涵的塑造有着重要的参考价值。

园林家具是城市生活中的人们必不可少的休闲设施和观赏设施，起源于生活，也服务于生活。它是环境空间中的一个元素，也是历史文化的一个载体，不仅反映出城市的地域风貌，而且是一个民族文化特性的体现和城市品牌形象的重要窗口，和人们的生活密切相关。

我对于园林家具的研究是偶然的，却也是必然的。2007年，由于专业归属导致了院系重新归属，我被调到艺术学院园林学院工作，在此期间，我在南京林业大学攻读博士学位。2008年博士毕业后，恰好学院设置了二级博士点"园林植物与观赏园艺"，从属于林学一级博士点，可招博士后工作人员，因缘际会，我有幸地成为该工作站的研究成员。在博士后的选题研究上也经历了一番周折，在和合作导师郑郁善教授充分讨论后，最终确定以园林家具设计研究作为博士后研究课题。在此期间，我指导硕士研究生进行相关课题的研究。本书是在指导研究生肖飞同学的"公园家具设计研究"以及指导研究生王列同学的"户外家具情感化设计研究"的基础上完成的。

在《园林家具创新设计方法与实践》书稿即将付梓之际，首先，我要感谢合作导师郑郁善教授。他学识渊博，教学严谨，治学有方，在博士后站工作期间，不仅在专业上对我谆谆教导，同时在生活中对我关怀细致，时常督促我、监督我研究的进度，在这里表示深深的感谢！其次，感谢我的研究生肖飞、王列、董春、侯晓东、王星星、刘威和蓝婉仁同学，是他们的辛勤劳动，帮助我完成今天的书稿！第三，感谢林学院、艺术园林学院的领导和同事，在他们的关心和帮助下，我才能顺利完成这项研究！最后，感谢妻子何晓琴女士，在生活中对我无微不至的照顾，以及在书稿撰写期间帮我整理很多有益的资料！此外，本书所引用的资料无法一一地加以说明，有些图例也无法查证其出处，希望得到作者的谅解，在这里统一表示感谢！

书中的观点难免偏颇，敬请广大读者批评指正。最后，希望本书所构建的理论体系能够对园林家具设计会有一些帮助，那将是我最大的收获和幸福。

福建农林大学　陈祖建

2017年3月